建筑结构消能减震设计原理、方法与在SAP2000中的实践

吴克川　杨瑞欣　韦光兰　张龙飞　著

东南大学出版社
SOUTHEAST UNIVERSITY PRESS
·南京·

内容提要

随着《建设工程抗震管理条例》的颁布实施，消能减震技术在重要新建公共建筑和加固改造项目中的应用也越发广泛。为进一步加快消能减震技术的应用和推广，帮助广大科研人员和高校学生尽快掌握建筑结构消能减震设计基本原理，帮助工程设计人员系统掌握建筑结构消能减震设计关键技术和方法，本书系统介绍了建筑结构在地震作用下的消能减震基本理论、设计方法以及基于 SAP2000 软件的工程实践，内容主要包括：(1) SAP2000 软件的简介以及建筑结构传统抗震技术的概述；(2) 常见消能器的分类、力学模型、力学原理以及在 SAP2000 软件中的模拟；(3) 位移型消能器与速度型消能器的减震原理；(4) 位移型消能器与速度型消能器减震结构设计方法与设计流程；(5) 基于 SAP2000 软件的位移型消能器与速度型消能器减震结构设计应用实例；(6) 常见消能器型号规格与性能参数，以及基于 SAP2000 软件的消能减震设计前后数据处理二次开发程序。本书可供从事土木工程领域的研究、设计和施工技术人员参考，也可作为土木工程结构、防灾专业研究生和高年级本科生的教学参考用书。

图书在版编目(CIP)数据

建筑结构消能减震设计原理、方法与在 SAP2000 中的实践 / 吴克川等著. — 南京 ：东南大学出版社，2024. 10. — ISBN 978-7-5766-1558-6

Ⅰ. TU352.104

中国国家版本馆 CIP 数据核字第 2024RH5107 号

责任编辑：赵莉娜　　责任校对：韩小亮　　封面设计：顾晓阳　　责任印制：周荣虎

建筑结构消能减震设计原理、方法与在 SAP2000 中的实践

Jianzhu Jiegou Xiaoneng Jianzhen Sheji Yuanli、Fangfa Yu Zai SAP2000 Zhong De Shijian

---

著　　者：吴克川　杨瑞欣　韦光兰　张龙飞

出版发行：东南大学出版社

出 版 人：白云飞

社　　址：南京市四牌楼 2 号　(邮编：210096　电话：025-83793330)

网　　址：http://www.seupress.com

经　　销：全国各地新华书店

排　　版：南京布克文化发展有限公司

印　　刷：广东虎彩云印刷有限公司

开　　本：787 mm×1092 mm　1/16

印　　张：11.5

字　　数：260 千

版 印 次：2024 年 10 月第 1 版第 1 次印刷

书　　号：ISBN 978-7-5766-1558-6

定　　价：68.00 元

前言

《建设工程抗震管理条例》(国令第744号)(以下简称《条例》)于2021年9月1日正式实施,《条例》第十六条规定:"位于高烈度设防地区、地震重点监视防御区的新建学校、幼儿园、医院、养老机构、儿童福利机构、应急指挥中心、应急避难场所、广播电视等建筑应当按照国家有关规定采用隔震减震等技术,保证发生本区域设防地震时能够满足正常使用要求。"因此消能减震技术的应用由鼓励使用阶段转向政策推广使用阶段,其在重要的新建公共建筑和加固改造项目中的应用也将越发广泛。消能减震结构的设计方法与设计原理已成为建筑工程领域的重要研究课题之一。

本书共包括5章内容,主要介绍了位移型阻尼器与速度型阻尼器的力学模型及其在SAP2000软件中的模拟方法,阐述了这两类阻尼器的消能减震原理,推导了消能减震结构的位移降低率以及地震剪力降低率计算公式;建立了基于位移降低率的位移型阻尼器减震结构设计方法以及基于位移降低率、底部剪力降低率的速度型阻尼器减震结构设计方法;提出了位移型阻尼器和速度型阻尼器减震结构的设计流程、参数设计原则等内容;最后通过屈曲约束支撑减震结构工程设计实例以及黏滞阻尼器减震结构工程设计实例验证了所提出的设计方法的有效性。

本书的撰写工作得到了云南师范大学叶燎原教授、昆明理工大学陶忠教授、昆明理工大学潘文教授等专家的指导和帮助,在此表示衷心的感谢!限于作者水平,书中难免有疏漏及不妥之处,敬请读者提出宝贵意见。

本书可作为结构设计人员、减震技术研究人员的参考用书,也可作为高等院校相关专业本科生和研究生的教学参考用书。

作者

2024年3月

目录

第1章　绪论

第2章　阻尼器力学模型与软件模拟实现

第3章 消能减震结构基本原理

第4章 消能减震结构抗震设计方法

第5章 消能减震结构设计应用实例

绪论

1.1 SAP2000 软件简介

SAP2000 是由美国 Computers and Structures, Inc.（CSI,计算机与结构公司）开发的一款通用结构分析和设计软件，是该公司旗下综合结构分析解决方案的重要组成部分，被广泛应用于建筑、桥梁、水坝、塔楼等各种结构工程项目的计算分析中。SAP2000 的发展历史最早可以追溯到 20 世纪 80 年代。起初，CSI 开发了一款名为"SAP80"的结构分析软件，用于分析二维平面框架结构。随着技术的进步和市场需求的增长，CSI 在 1998 年推出了 SAP2000，该软件是一款全新的三维结构分析软件，具有强大的设计分析功能和更高的计算准确性。

自推出以来，SAP2000 经历了多个版本的更新和升级，每个版本都引入了新的功能并改进了原有的功能，以满足不断变化的工程需求。目前，SAP2000 成为了结构工程领域最为成熟的有限元设计分析软件之一。在全球范围内被工程师、设计人员和研究人员广泛使用，为广大工程师提供了强大的结构分析、设计和优化工具。

SAP2000 的核心在于具有全面高效的结构分析平台，不仅能提供便捷的人机交互操作界面以及丰富的材料单元库，可以进行各种类型的有限元分析，如静力分析、动力分析、非线性分析等，而且支持多种材料模型和加载类型，如支持钢材、混凝土、木材等材料，以及冲击、温度、地震等各种荷载的施加。除了强大的分析功能，SAP2000 还提供了设计工具和规范校核功能，在软件中内置了许多国际和地区的设计规范与设计标准，可以根据不同的规范实现设计结果的校核并生成设计报告。这将更加高效地满足结构的设计要求，并确保所设计的结构更加安全可靠。此外，SAP2000 还具有良好的可视化能力和二次开发功能，可以生成丰富的图表、动画和三维模型，方便设计师对计算结果进行可视化展示和分析。同时，SAP2000 还支持通过应用程序编程接口（API）调用内部函数，实现结构模型的自动创建、自动分析和结果的自动输出。

近年来，由于 SAP2000 设计分析功能全面、易于使用且结果可靠，其始终保持着在结构工程领域的领先地位，并得到了全球工程界的广泛认可和应用。

1.2 建筑结构抗震技术概述

1.2.1 传统抗震技术

地震主要是地球的板块运动造成的，地球上板块与板块之间的碰撞挤压，会造成岩层移动、弯曲并受力，当岩层承受的巨大力量超过岩层的承受能力时，就会发生断裂，从而引发地震。地震具有不可预见性，到目前为止，人类仍然无法准确预测地震的发生，因此，地震常常会造成大量的人员伤亡和财产损失。我国地处环太平洋地震带与地中海-喜马拉雅地震带的交汇处，地震多发，是世界上地震灾害最严重的国家之一。据统计，20 世纪以来，我国共发生 6 级以上地震 800 多次，在地震中死亡的人数超过 55 万，约占全球地震死亡人数的 53%。可见，地震灾害是人类所面临的最严重的自然灾害之一。

建筑结构作为地震灾害最主要的载体，其在地震作用下的安全性与人员伤亡以及社会经济损失密切相关，全球上百次伤亡巨大的地震中，大部分的生命财产损失均是由于建筑物抗震性能不足在地震中倒塌所致[2]。传统的结构抗震设计采用以概率论为基础的极限状态设计方法，通过“两阶段”的设计来实现结构在多遇地震、设防地震及罕遇地震下的“三水准”抗震设防目标。当建筑物遭遇多遇地震作用时，结构构件及非结构构件均保持弹性工作状态，且不出现承载力退化现象。当建筑物遭遇设防地震作用时，结构构件及非结构构件可能出现开裂及一定程度的损坏，此时结构的承载能力仍能保持，但结构整体开始进入弹塑性工作状态。当建筑物遭遇罕遇地震作用时，结构构件及非结构构件可能出现较大的损伤，此时结构的承载能力逐渐降低，结构通过自身的塑性变形能力来抵御地震作用。可见，传统抗震设计方法以结构自身的损伤为代价，通过合理的设计使结构部分构件及部位在地震过程中进入塑性工作状态，进而通过结构自身的损伤消耗地震的输入能量。基于传统抗震设计方法的建筑结构在遭遇罕遇地震作用后，可能会产生不可修复的损伤与破坏，甚至可能会倒塌，如图 1-1 所示，这将在极大程度上威胁人们的生命财产安全，这也是传统抗震设计方法的局限所在。

(a) 框架柱破坏　(b) 填充墙破坏　(c) 结构局部倒塌

(d) 砌体结构破坏　(e) 桥梁柱墩破坏　(f) 结构整体倒塌

(g) 石砌体结构破坏　(h) 木结构破坏　(i) 楼梯间破坏

图 1-1　地震作用下结构震害

1.2.2　消能减震技术[2-8,11]

为了突破传统抗震设计方法的局限性，各国的研究者长期致力于结构地震响应控制技术的研究，消能减震技术便由此诞生。消能减震技术的原理是将结构的一些非承重构件(如支撑、剪力墙、连接件等)设置成变形能力较强的消能构件,或在结构某些部位(层间、节点处、连接缝等)装设消能装置,在主体进入非弹性状态前,消能装置(或元件)率先进入耗能工作状态,通过该装置产生摩擦、弯曲(或剪切、扭转)弹塑性(或黏弹性)滞回变形来耗散能量或吸收地震输入结构的能量,以减少主体结构的地震反应。我国在2001年首次将消能减震技术纳入《建筑抗震设计规范》[3](GB 50011—2001)中进行推广使用,《建筑消能减震技术规程》[4](JGJ 297—2013)的颁布实施进一步促进和完善了该项技术的应用标准与技术条件。消能减震技术按是否需要外部能量的输入,可以分为主动减震技术、被动减震技术、半主动减震技术及混合减震技术四种。

1. 主动减震技术[5-7]

主动减震控制技术是基于现代控制理论而发展起来的一项消能减震技术,当结构在地震作用下产生往复运动时,可采用该技术,利用外部能量的输入,实时地对结构施加反向的控制力,改变结构的动力特性,从而减小结构的地震反应,其应用的典型代表如图1-2所示。

主动减震控制体系一般由以下三部分组成:

(1) 传感器:主要用于测量结构所受外部激励及结构响应,并将测得的信息传送给控制系统中的处理器。

(2) 处理器:处理器可依据给定的控制算法,计算结构所需施加的反向控制力的大小,并将控制信息传递给控制系统中的作动器。

(3) 作动器:一般为施加外部荷载(控制力)的装置,其根据控制信息将来自外部能量的控制力提供给结构。

(a) 上海中心大厦主动控制阻尼器

(b) 台北101大厦主动控制阻尼器

图1-2 主动控制技术的应用

2. 被动减震技术[8-10]

与主动减震技术不同,被动减震技术不需要外部能源或激励装置对结构施加反向控制力,其通过改变结构的动力特性或通过自身的滞回变形起到消能减震的作用,是一种利用被动减震装置特性来减小结构地震反应的技术,如图1-3所示。目前常见的隔震技术、金属消能减震技术、调谐质量阻尼减震技术以及黏滞阻尼减震技术均属于被动减震技术,与主动减震技术相比,被动减震技术具有概念明确、构造简单、成本低廉以及可靠性高等优点。因此,被动减震技术在实际工程中的应用与实践也最为广泛,相应地,减震产品的质量标准、设计方法也日趋完善,其核心原理为结构损伤或能量耗散的"集中控制"。

被动减震技术主要应用于多层或高层建筑,高耸塔架,大跨度桥梁及柔性管道、管线

(生命线工程)等工程,既有助于建筑的抗震(或抗风)性能的改善,又有助于文物建筑及有纪念意义的建(构)筑物的保护等。

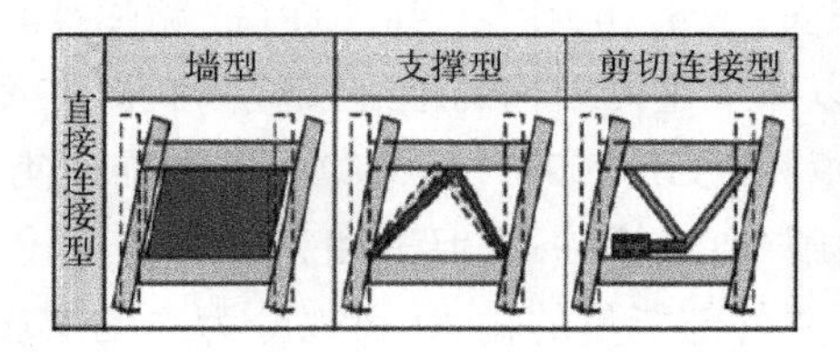

(b) 直接连接型

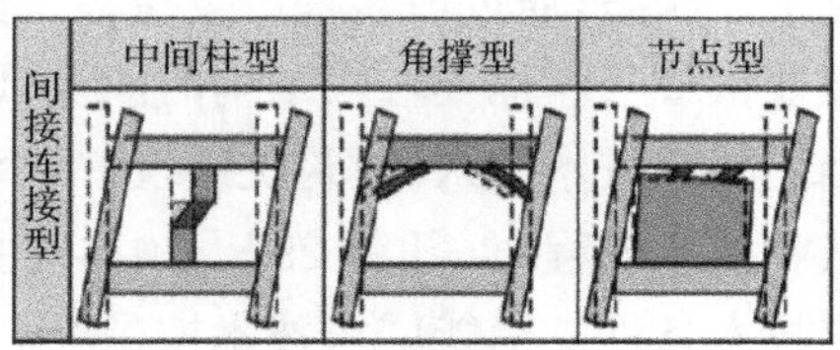

(b) 间接连接型

图 1-3 被动减震控制

3. 半主动减震技术[11-13]

半主动减震技术通过实时监测施加在结构上的主动控制力,以较小的能量输入实现与主动控制技术相当的减震效果。因此,半主动减震技术仍然是以结构的被动控制为主,它既具有被动减震技术的可靠性,又具有主动减震技术的适应性,是一种应用前景广阔的消能减震技术,如图 1-4 所示。

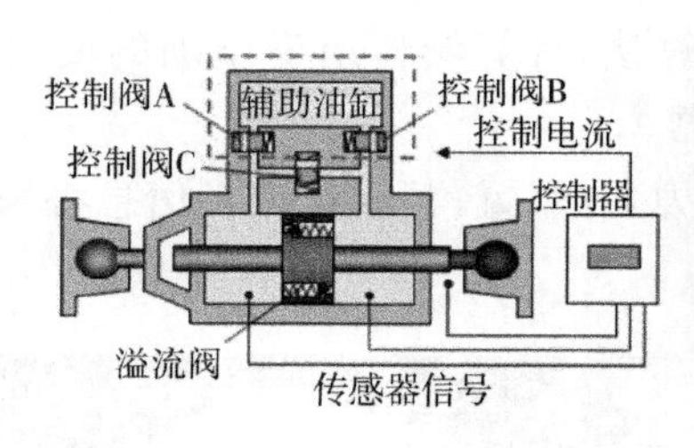

图 1-4 半主动减震控制

4. 混合减震技术[14-16]

以上各类减震技术均有其各自的优劣之处,混合减震技术则是将各类减震技术进行组合,可以是两种或者多种减震技术的组合,实现优劣互补,如图 1-5 所示。混合减震技

图 1-5 混合减震控制技术应用

术的特点为:可通过外部能量的输入对结构施加反向控制力,在结构变形或运动的过程中,被动减震装置发挥可靠的消能减震作用,并且可通过不同减震技术的结合使结构的地震响应得到最佳控制。

常见的混合减震技术有以下三种。

(1) 被动-被动混合减震:这种方法将两个或多个被动减震装置结合在一起,以提供更大的减震效果。例如,将屈曲约束支撑和液体阻尼器结合使用,通过滞回阻尼力和黏滞阻尼力共同消耗地震能量。

(2) 被动-主动混合减震:这种方法结合了被动减震装置和主动控制系统的优点。被动减震装置通过减小结构的振动来降低地震影响,而主动控制系统则根据实时监测信息对结构进行主动调控,以进一步抑制振动。

(3) 主动-主动混合减震:这种方法将多个主动控制装置结合在一起,通过协调它们的工作来减小结构的振动。主动控制装置可以根据不同的需求调节刚度、阻尼和质量等参数,以提供更好的减震效果。

混合减震控制技术的优势在于可以充分发挥不同减震方法和控制策略的优点,弥补它们的不足。将各种减震方法组合应用,可以实现更高的减震效率、更好的结构性能和更大程度的安全保障。然而,混合减震控制技术在设计、施工和调试等方面都具有一定的复杂性和挑战性,需要充分考虑结构的特点、控制算法和装置的选取等因素,确保系统的稳定性和可靠性。

参考文献

[1] 沈聚敏,周锡元,高小旺,等. 抗震工程学[M]. 2版. 北京:中国建筑工业出版社,2015.

[2] 李国强,李杰,陈素文,等. 建筑结构抗震设计[M]. 4版. 北京:中国建筑工业出版社,2014.

[3] 中华人民共和国建设部,国家质量监督检验检疫总局. 建筑抗震设计规范:GB 50011—2001[S]. 北京:中国建筑工业出版社,2001.

[4] 中华人民共和国住房和城乡建设部. 建筑消能减震技术规程:JGJ 297—2013[S]. 北京:中国建筑工业出版社,2013.

[5] 黄镇. 工程结构黏滞消能减振技术原理与应用[M]. 南京:东南大学出版社,2018.

[6] 王廷彦,汪志昊. 钢筋混凝土框架结构减隔震计算实例分析[M]. 北京:中国建筑工业出版社,2021.

[7] 周福霖. 工程结构减震控制[M]. 北京:地震出版社,1997.

[8] 潘鹏,叶列平,钱稼茹,等. 建筑结构消能减震设计与案例[M]. 北京:清华大学出版社,2014.

[9] 卢立恒,徐赵东,潘毅,等. 多维地震激励下工程结构隔减震技术研究进展[J]. 土木工程学报,2013,46(增刊1):1-6.

[10] 景铭,戴君武. 消能减震技术研究应用进展侧述[J]. 地震工程与工程振动,2017,

37(3):103-110.

[11] 欧进萍. 结构振动控制:主动、半主动和智能控制[M]. 北京:科学出版社,2003.

[12] 李志军, 张猛, 雷海涛, 等. 不规则高层结构基于新型电磁惯性质量阻尼器的半主动控制[J]. 地震工程学报, 2021, 43(1):205-212.

[13] KIM H. Development of seismic response simulation model for building structures with semi-active control devices using recurrent neural network[J]. Applied Sciences,2020,10(11):3915.

[14] 孙柏锋, 邵一凡, 余文正, 等. 高层建筑屈曲约束支撑与黏滞阻尼器混合被动控制应用研究[J]. 建筑结构, 2021, 51(增刊 2):640-644.

[15] 侯林兵. 减震外挂墙板-基础隔震混合控制框架-剪力墙结构抗震机理研究[D]. 合肥:合肥工业大学, 2021.

[16] LIN J Z, ZHI H, QIAN L, et al. A mixed control system of 3D high rise benchmark building model based on genetic algorithm[J]. Advanced Materials Research, 2010, 23(2):163-167.

阻尼器力学模型与软件模拟实现

2.1　位移型阻尼器力学模型[1-4]

位移型阻尼器主要通过金属材料的屈服实现耗能，在往复变形过程中将经历弹性到塑性的工作阶段，所表现出的力学特性也有较大差异。目前，位移型阻尼器广泛使用的力学模型主要有理性弹塑性模型[1]、双折线模型[2]、Ramberg-Osgood 模型[3]和 Bouc-Wen 模型[4]。其中，Bouc-Wen 模型可通过屈服拐点形状控制系数模拟具有尖锐拐点的理想弹塑性模型和双线性模型，也可模拟光滑型模型的恢复力特征，适用范围较广[5-6]。由于 Bouc-Wen 模型能够较好地模拟位移型阻尼器的恢复力-变形曲线，且模拟精度较高，因此已被引入 Midas、ETABS 以及 SAP2000 等商用软件中[7-9]。

2.1.1　理想弹塑性模型[1]

理想弹塑性模型是一种简化的力学模型[10]，如图 2-1 所示，用于描述金属材料在受力作用下的弹性行为和塑性行为。它将金属材料的应力-应变关系分为两个阶段：弹性阶段和塑性阶段。在理想弹塑性模型中，假设在弹性阶段金属材料具有线性的应力-应变关系，即当金属材料受到小的应力作用时，会产生与应力成比例的应变响应，这一阶段的应力-应变关系可以用胡克定律描述[11]。当金属材料受到较大的应力作用时，将会进入塑性阶段，此时，材料的应力-应变关系是非线性的，理想弹塑性模型假定材料屈服后的弹性模量降低到零[12]。

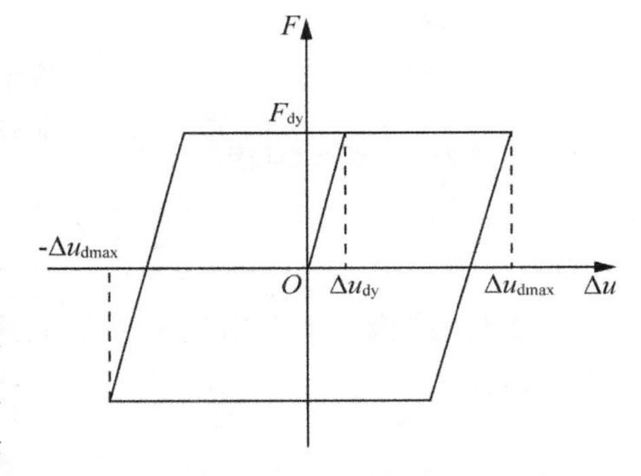

图 2-1　理想弹塑性模型

位移型阻尼器的初始弹性刚度由恢复力模型中的屈服承载力 F_{dy} 与屈服位移 Δu_{dy} 确定：

$$K_e = F_{dy}/\Delta u_{dy} \tag{2-1}$$

当位移型阻尼器的变形值超过屈服位移 Δu_{dy} 时，阻尼器出力值恒为 F_{dy}。位移型阻尼器在激励荷载作用下往复运动一周所耗散的输入能量 W_d 为图 2-1 中理想双线性滞回曲线所包围的面积，即点(F_{dy}，Δu_{dmax})与点($-F_{dy}$，$-\Delta u_{dmax}$)之间滞回曲线的面积：

$$W_d = 4F_{dy}(\Delta u_{dmax} - \Delta u_{dy}),\ \Delta u_{dmax} \geqslant \Delta u_{dy} \tag{2-2}$$

理想弹塑性模型的主要优点为简单且易于应用。在一定程度上能够对金属材料的弹塑性行为进行合理地近似，并可用于消能减震结构的分析和设计。然而，该模型也有一定的局限性，如无法准确描述材料的真实应力-应变行为，特别是对于包含复杂加载条件和应力状态的情况。

总体来说，理想弹塑性模型提供了位移型阻尼器在受力过程中的弹性和塑性行为的简化描述。该模型在工程中也有相应的应用，但需要注意其适用范围和条件。

2.1.2 双折线模型[1-2]

双折线模型恢复力曲线如图 2-2 所示，该模型采用具有明显应变硬化特点(屈服拐点)的两段线段来模拟位移型阻尼器在受拉和受压过程中的屈服特性与变形特征[13-14]，且弹性加载过程中阻尼器的刚度与卸载过程中的刚度一致，即不考虑循环加载过程中阻尼器的刚度退化效应[15-16]。

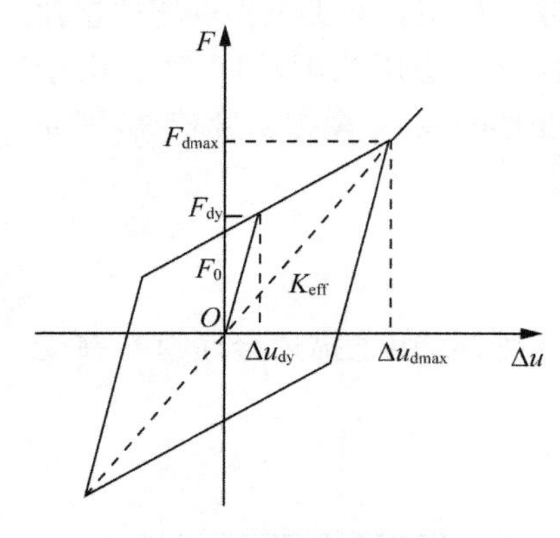

图 2-2　双折线模型

图 2-2 中 F_0 为阻尼器零位移时的荷载，F_{dy} 为屈服承载力，Δu_{dy} 为相应的屈服位移，连接原点与滞回曲线峰值点直线的斜率为阻尼器的等效刚度 K_{eff}[17]：

$$K_{eff}=F_{dmax}/\Delta u_{dmax},\Delta u_{dmax}\geqslant \Delta u_{dy} \tag{2-3}$$

屈服位移

$$\Delta u_{dy}=\frac{F_0}{K_u-K_d} \tag{2-4}$$

其中，K_u 为阻尼器的弹性刚度，K_d 为阻尼器屈服后刚度，阻尼器往复运动一周耗散的地震能量 W_c 为

$$W_c=4(F_{dy}\Delta u_{dmax}-F_{dmax}\Delta u_{dy}),\Delta u_{dmax}\geqslant \Delta u_{dy} \tag{2-5}$$

文献[1]给出了双折线模型阻尼器的等效阻尼比 ζ_{eff} 及其相关规律、特性，ζ_{eff} 的计算公式如式(2-6)：

$$\zeta_{eff}=\frac{4F_0(\Delta u_{dmax}-\Delta u_{dy})}{2\pi K_{eff}\Delta u_{dmax}^2} \tag{2-6}$$

记：$y=\dfrac{\Delta u_{dmax}}{\Delta u_{dy}}$ ，$a=\dfrac{F_0}{K_d\Delta u_{dy}}$ ，有

$$\zeta_{eff}=\frac{2a}{\pi}\frac{y-1}{(y+a)y} \tag{2-7}$$

由式(2-7)可知，当 $y=1$ 时，$\zeta_{eff}=0$；当 $y\to\infty$ 时，$\zeta_{eff}\to 0$；当 $\mathrm{d}\zeta_{eff}/\mathrm{d}y=0$ 时，ζ_{eff} 取得最大值。此时，

$$y=1+\sqrt{1+a} \tag{2-8}$$

则

$$\zeta_{eff}=\frac{2a}{\pi}\frac{1}{2(1+a)^{1/2}+(2+a)} \tag{2-9}$$

将 $a=F_0/(K_d\Delta u_{dy})$ 代入式(2-4)可得

$$a=\frac{K_u-K_d}{K_d} \tag{2-10}$$

由此可知，等效阻尼比最大值与阻尼器的弹性刚度和屈服后刚度的比值有关，阻尼器弹性刚度对等效刚度的影响较小，但对等效阻尼比的最大取值影响较大[18]。

2.1.3　Ramberg-Osgood 模型[1,3]

Ramberg 和 Osgood 两位学者于 1943 年率先提出了钢材的三参数应力-应变关系曲线，也就是著名的 Ramberg-Osgood 滞回曲线。Ramberg-Osgood 滞回模型（简称 RO 模型）是一种非线性应变硬化模型，应力与应变之间的关系为非线性函数关系，由骨架曲线和滞回曲线组成[19]，如图 2-3(a)所示。文献[1]对该模型作了详细介绍，主要内容如下所示。

RO 模型骨架曲线的数学表达式为[20]

$$\frac{\varepsilon}{\varepsilon_0}=\frac{\sigma}{\sigma_0}\left(1+\varphi\left|\frac{\sigma}{\sigma_0}\right|^{n-1}\right) \tag{2-11}$$

式中：ε、ε_0、σ 和 σ_0 分别为应变、屈服应变、应力和屈服应力，φ 和 n 为滞回曲线的形状控制系数。设阻尼器的初始弹性刚度为 K，则有

$$\sigma_0=K\varepsilon_0 \tag{2-12}$$

则 RO 模型滞回曲线的表达式为[21]

$$\frac{\varepsilon-\varepsilon_0}{2\varepsilon_0}=\frac{\sigma-\sigma_0}{2\sigma_0}\left(1+\varphi\left|\frac{\sigma-\sigma_0}{2\sigma_0}\right|^{n-1}\right) \tag{2-13}$$

RO 模型力-位移关系为[22]（图 2-3(b)）

$$\frac{d}{d_y}=\frac{P}{P_y}+\chi\left(\frac{P}{P_y}\right)^r \tag{2-14}$$

式中：d 为阻尼器的位移，d_y 为曲线上特征点的位移值，P 为阻尼器的出力，P_y 为曲线上特征点的出力值，χ 为正值常系数，r 为大于 1 的正奇数。

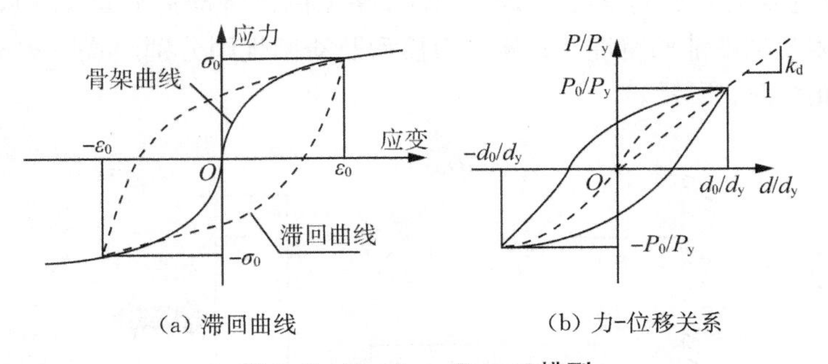

(a) 滞回曲线　　(b) 力-位移关系

图 2-3　Ramberg-Osgood 模型

周期曲线的尺寸为外轮廓曲线尺寸的两倍，该曲线表达了阻尼器出力与变形间的关系。曲线中的点(P_0，d_0)和点($-P_0$，$-d_0$)之间的滞回曲线面积即为阻尼器往复运动一圈所消耗的地震能量 W_d。

$$W_d = 4d_y P_y[(r-1)/(r+1)](P/P_y)^{r+1} \tag{2-15}$$

2.1.4 改进的 Bouc-Wen 模型[25]

经典 Bouc-Wen 模型为光滑型模型，通过模型参数的调整，能够较好地模拟位移型阻尼器的恢复力-变形曲线，且模拟精度较高，Bouc-Wen 模型已被引入 Midas、SAP2000 等有限元软件中，是一种具有较强适应性的滞回模型。但已有的研究指出[23-24]，由于部分位移型阻尼器的滞回曲线具有拉压承载力非对称性（如屈曲约束支撑），且大部分位移型阻尼器随着变形的增加表现出塑性硬化与随动强化等特点，因此 Ramberg-Osgood 模型和经典 Bouc-Wen 模型难以准确反应金属材料在塑性硬化、力学参数非对称性及刚度退化等方面的特性，如图 2-4 所示。

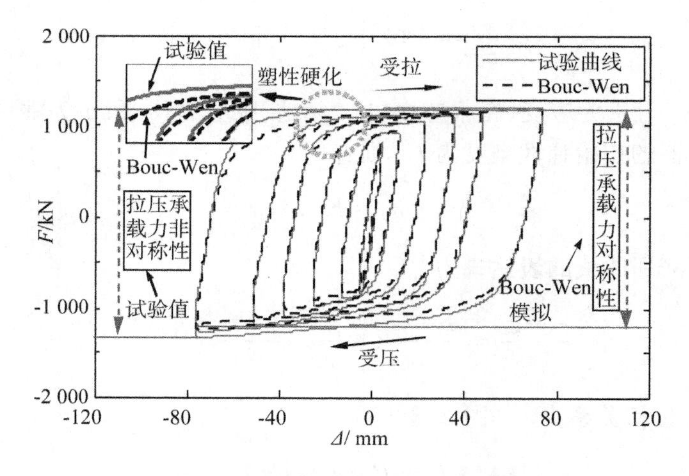

图 2-4　经典 Bouc-Wen 计算模型

文献[25]根据拉压承载力不对称阻尼器的恢复力特性及滞回曲线的特点，在经典 Bouc-Wen 模型的基础上分别引入了拉压力学非对称性参数 υ、材料塑性硬化参数 ρ、刚度退化参数 η，通过以上参数调整经典 Bouc-Wen 模型的内部滞后变量 $z(t)$，使其能够更好地描述该类型阻尼器的滞回特性。其恢复力模型及滞回规则分别用式(2-16)、式(2-17)表示，物理模型如图 2-5 所示。

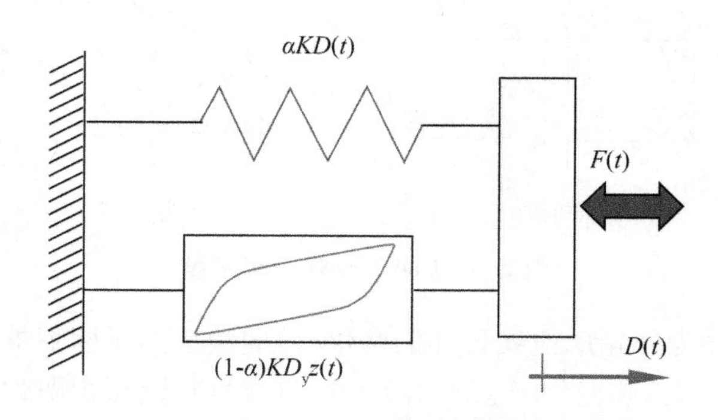

图 2-5　Bouc-Wen 模型物理意义

$$F(t)=\alpha KD(t)+(1-\alpha)KD_y z(t) \tag{2-16}$$

式中：$F(t)$为屈曲约束支撑(BRB)的恢复力，α 为第二刚度系数(BRB 屈服后刚度与弹性刚度之比)，K 为 BRB 的弹性刚度，$D(t)$为 BRB 的轴向位移，D_y 为 BRB 的屈服位移，$z(t)$为内部滞后变量。

$$\dot{z}(t)=\frac{1}{\eta D_y}\left\{\left[\dot{D}(t)-\frac{1}{\rho}\left(\gamma|\dot{D}(t)|\left(\frac{2z(t)+\upsilon-1}{\upsilon+1}\right)\cdot\left|\frac{2z(t)+\upsilon-1}{\upsilon+1}\right|^{\lambda-1}+\beta\dot{D}(t)\left|\frac{2z(t)+\upsilon-1}{\upsilon+1}\right|^{\lambda}\right)\right]\right\} \tag{2-17}$$

式中：γ、β 及 λ 为滞回曲线形状控制参数，当 $\gamma+\beta=1$ 时，可保证内部滞后变量 $z(t)$幅值的连续性，λ 为控制滞回曲线屈服段平滑程度的参数，其值越大，滞回曲线拐点越趋于尖锐。

拉压力学非对称性参数 υ、材料塑性硬化参数 ρ 对改进 Bouc-Wen 模型滞回曲线的影响如图 2-6 所示。不难看出，该模型可通过调整 ρ 的取值来模拟阻尼器在塑性变形下的材料硬化现象，也可通过调整 υ 的取值来模拟阻尼器受拉与受压时的最大承载力差异。另外，已有的研究表明[26-27]，相较于参数 ρ 和参数 υ，刚度退化参数 η 对滞回曲线的影响并不明显。

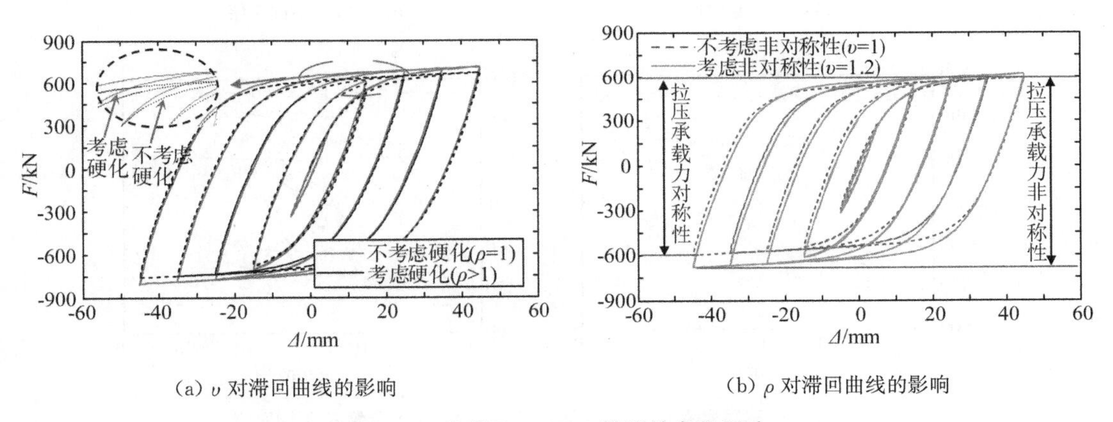

(a) υ 对滞回曲线的影响　　　　(b) ρ 对滞回曲线的影响

图 2-6　改进 Bouc-Wen 模型的参数影响

同样的，不同加载位移幅值下各参数的不同取值对阻尼器滞回曲线的影响并不相同。在较小加载位移幅值下参数 γ、β、α、λ、D_y 的不同取值对滞回曲线的影响并不明显，如图 2-7 所示，随着加载位移幅值的增加，其影响显著提高。在各级加载位移幅值下参数 K 的不同取值对滞回曲线的影响均较大。参数 α 对弹性阶段的滞回曲线无影响，其主要影响塑性阶段的结果。参数 γ、β 属同一类型影响参数，主要影响滞回曲线的饱满程度。参数 λ 主要影响滞回曲线弹塑性过渡段的范围及圆滑程度。参数 D_y 主要影响滞回曲线拐点出现的位置。参数 K 主要影响滞回曲线在弹性阶段及塑性阶段的斜率。

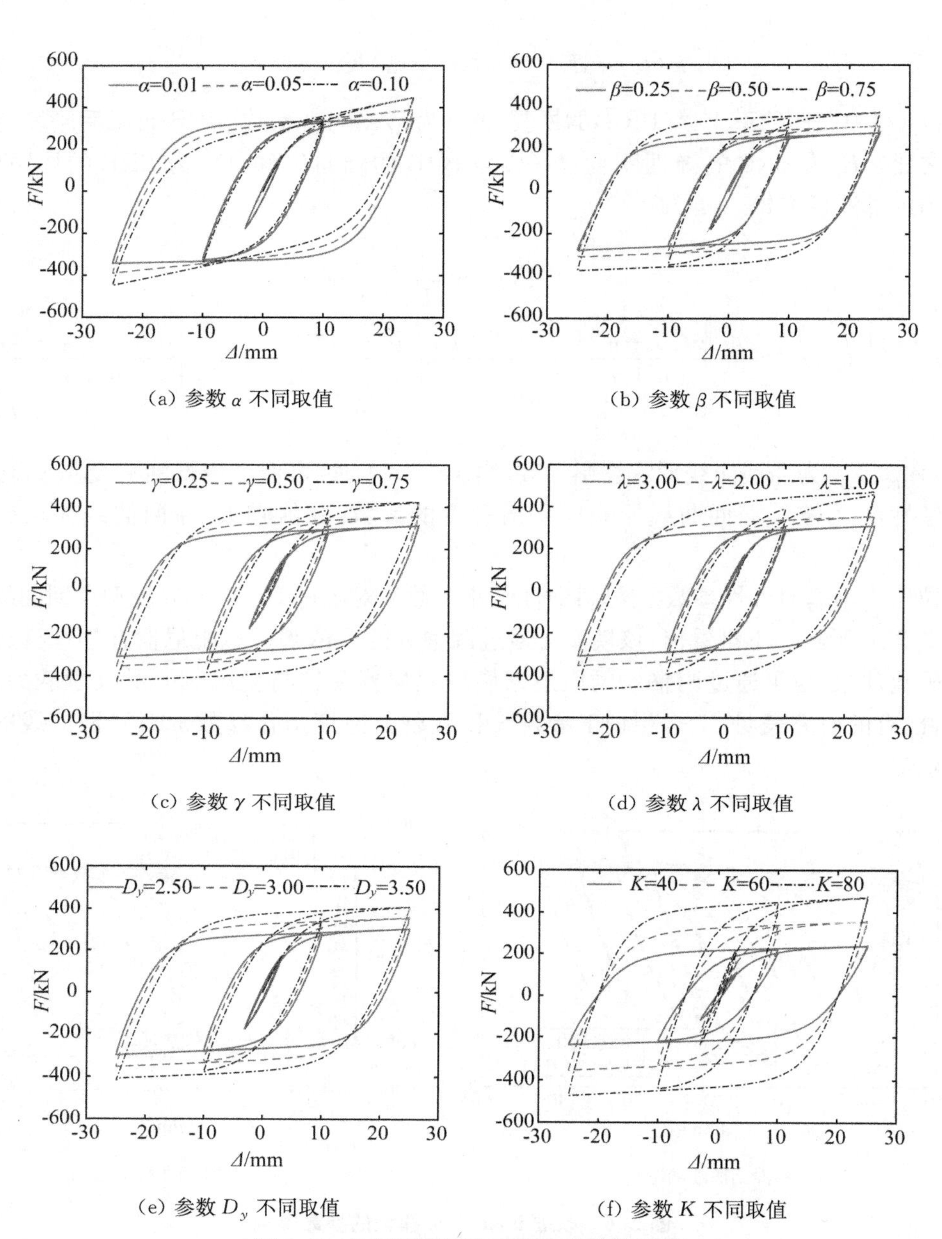

(a) 参数 α 不同取值　(b) 参数 β 不同取值

(c) 参数 γ 不同取值　(d) 参数 λ 不同取值

(e) 参数 D_y 不同取值　(f) 参数 K 不同取值

图 2-7　参数不同取值对滞回曲线的影响

2.2　速度型阻尼器力学模型

2.2.1　麦克斯韦模型[52]

麦克斯韦(Maxwell)模型由 James Clerk Maxwell[28] 于 19 世纪提出，被广泛应用于黏弹性材料和黏滞流体的力学行为的描述。该模型通过将阻尼单元和弹簧单元串联来描述速度型阻尼器(黏滞流体阻尼器、黏滞阻尼墙等)的荷载-位移关系，如图 2-8 所示。这种模型可以表现出黏滞材料典型的流体特性，即在有限应力下可以无限制地变形[29]。因此，经典的 Maxwell 模型在速度型阻尼器常见工作频率范围内能够较好地描述阻尼器的频率相关性。

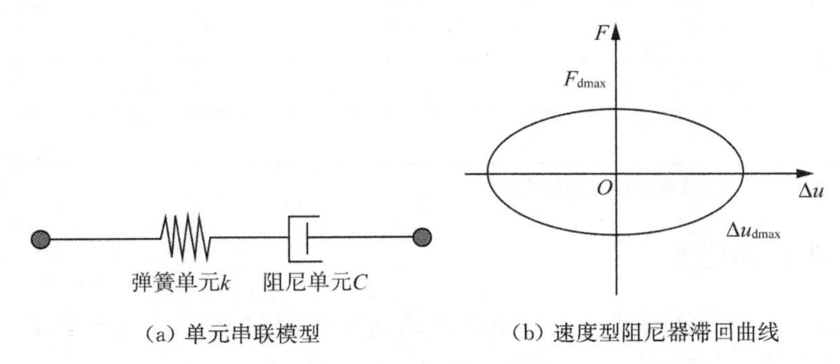

(a) 单元串联模型　　(b) 速度型阻尼器滞回曲线

图 2-8　Maxwell 模型

Maxwell 模型力学表达式见式(2-18)，容易看出，当速度型阻尼器的阻尼系数和阻尼指数确定时，其出力大小仅与相对运动速度有关。

$$F = kd_k = CV^{\kappa} \tag{2-18}$$

式中：F 为速度型阻尼器出力，k 为弹簧单元刚度系数，κ 为速度型阻尼器阻尼指数，d_k 为弹簧单元的变形，V 为阻尼器的相对运动速度，C 为阻尼器的阻尼系数，弹簧单元变形与阻尼单元变形构成阻尼器的总变形。

采用 Maxwell 模型描述速度型阻尼器实际的非线性阻尼行为，特别是具有分数指数时，弹簧单元的作用十分重要，它表示阻尼装置的弹性柔度，包括流材料和连接部件的弹性柔度，且保证阻尼项在小速度时不产生与实际情况不相符的过大阻尼力。在实际应用时可引入较大刚度系数 k 表示“纯”阻尼，从而使阻尼单元发生作用[52]。

速度型阻尼器在地震作用下往复运动一周所耗散的地震能量 W_c 为图 2-8(b)中滞回曲线包围的面积。对于速度线性相关性阻尼器($\kappa=1$)，耗能计算公式为[30]

$$W_c = (2\pi^2/T_1)\sum C\cos^2\theta\Delta u^2 \tag{2-19}$$

式中：T_1 为消能减震结构的基本自振周期，θ 为阻尼器的消能方向与水平面的夹角，Δu 为阻尼器两端的相对水平位移。

对于速度非线性相关性阻尼器($\kappa\neq1$)，耗能计算公式为[31]

$$W_c = \lambda_1 F_{dmax}\Delta u \tag{2-20}$$

式中：λ_1 为阻尼指数的函数，可按表 2-1 取值，F_{dmax} 为阻尼器在相应水平地震作用下的最大阻尼力。

表 2-1 λ_1 取值

阻尼指数 κ	λ_1 取值
0.25	3.7
0.50	3.5
0.75	3.3
1.00	3.1

注：其他阻尼指数对应的 λ_1 值可通过线性插值获取。

2.2.2 泰勒公司模型[32]

美国泰勒(Taylor)公司基于其自身研发的速度型阻尼器产品及大量试验数据，给出了速度型阻尼器的力学模型：

$$F = C \mid \dot{x} \mid^{\kappa} \mathrm{sign}(x) \tag{2-21}$$

式中：$\dot{x}$ 为速度型阻尼器活塞杆相对油缸的运动速度，sign(·)为符号函数，且

$$\mathrm{sign}(\dot{x}) = \begin{cases} 1 & \dot{x} \geqslant 0 \\ -1 & \dot{x} < 0 \end{cases} \tag{2-22}$$

2.3 位移型阻尼器分类及力学原理

2.3.1 屈曲约束支撑

屈曲约束支撑主要由核心单元、约束单元以及无黏结构造层或空气间隙层组成[33-34]，如图 2-9(a)所示。屈曲约束支撑可作为结构体系的水平抗侧力构件和消能减震构件使用，其拉压等强，屈服后力学性能稳定，当采用低屈服点钢材作为支撑时，滞回曲线饱满，低周疲劳性能优异，其受力性能与普通支撑的比较如图 2-9(b)所示。

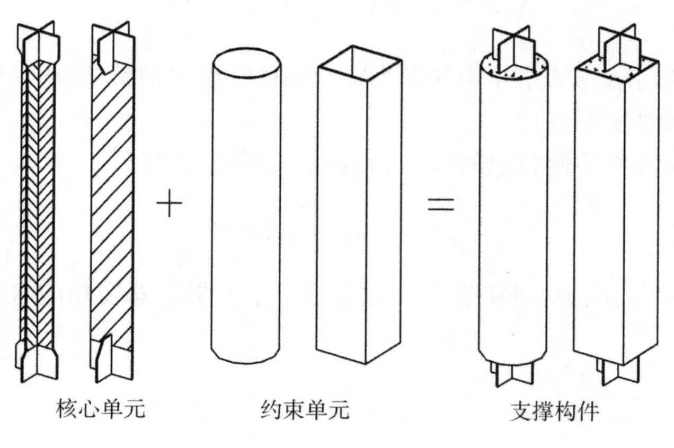

(a) 屈曲约束支撑构成

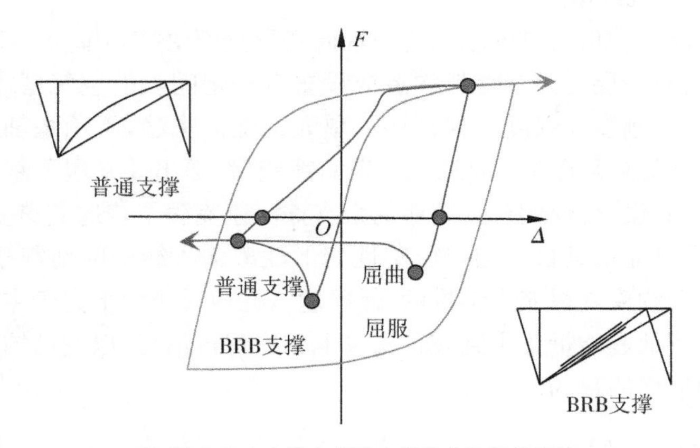

(b) 屈曲约束支撑与普通支撑受力性能的比较

图 2-9　屈曲约束支撑构造及力学性能

注：图中 Δ 表示变形，F 表示荷载。

屈曲约束支撑的核心单元又称核心钢支撑或芯材，是屈曲约束支撑中的主要受力元件，由特定强度的钢材制成，一般采用低屈服点钢材。屈曲约束支撑常见的截面形式有十字型、T 型、双 T 型、一字型或圆管型，分别适用于不同的刚度要求和耗能需求[34]。外围约束单元通常可采用钢管、钢筋混凝土或钢管混凝土作为约束机构，根据约束单元的不同可将屈曲约束支撑分为[35-37]钢管混凝土型屈曲约束支撑、钢筋混凝土型屈曲约束支撑和全钢型屈曲约束支撑，如图 2-10 所示。

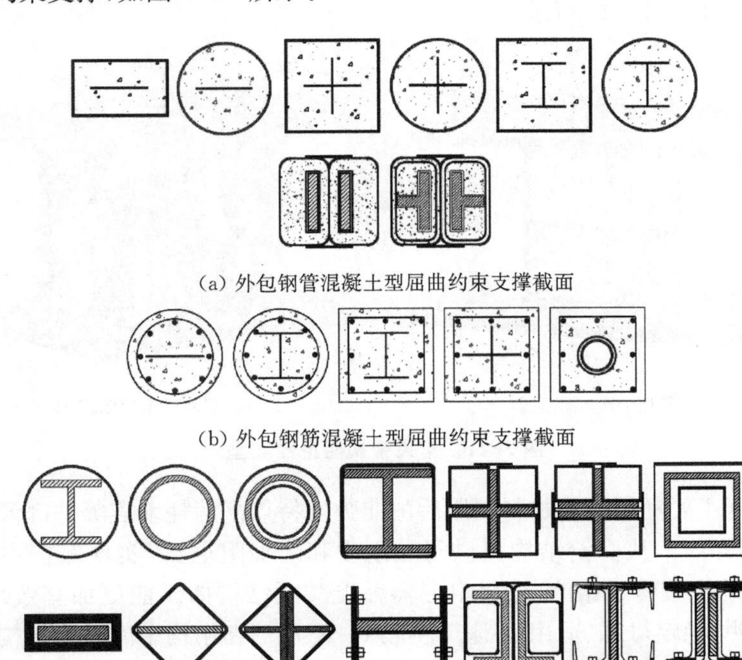

(a) 外包钢管混凝土型屈曲约束支撑截面

(b) 外包钢筋混凝土型屈曲约束支撑截面

(c) 全钢型屈曲约束支撑截面

图 2-10　屈曲约束支撑常用截面形式

其中,作用于屈曲约束支撑的轴向力与轴向变形全部由核心单元承受,由于核心单元与外围约束单元间有一层无黏结材料构造或设置有一定间隙的空气层,外围约束单元仅通过自身足够的抗弯刚度和强度来保证核心单元的侧向失稳,不承担轴向荷载作用。日本学者和田章[38]等在深入研究屈曲约束支撑的性能后,提出并发展了基于消能减震原理的建筑结构损伤控制设计,他们认为屈曲约束支撑由于克服了普通支撑受压屈曲的缺点,在地震往复作用下可通过其自身的拉压塑性变形耗散输入结构的地震振动能量,通过合理的设计,可使屈曲约束支撑充当结构的“保险丝”,在地震作用下先于主体梁柱等构件进入屈服工作阶段,将地震能量集中到该种构件上首先进行消耗,以使结构不出现严重的损伤,从而达到控制损伤的目的。

2.3.2 金属剪切阻尼器

金属剪切型阻尼器(SD)一般由耗能芯板和约束钢板(约束加劲肋)组成。约束钢板(约束加劲肋)为内部芯耗能板提供平面外约束,以保证芯板在往复荷载作用下遭受平面内剪力的作用时平面外屈曲变形受到约束而只在平面内受剪屈服[39-40],如图 2-11(a)所示。当耗能芯板承受面内剪切力时,芯板受力均匀,大部分区域都可同步进入受剪屈服状态,其材料利用率高,耗能效果较好。软钢具有屈服强度低、延性好等优点,因此,金属阻尼器通常将其作为剪切板。与主体结构相比,金属剪切阻尼器能够更早进入屈服耗能工作状态,从而可利用软钢屈服后的累计塑性变形来实现耗散地震能量的减震效果。此外,金属阻尼器也可利用金属材料的弯曲屈服耗散地震能量,这样的阻尼器称为弯曲型金属阻尼器[41],如图 2-11(b)所示。

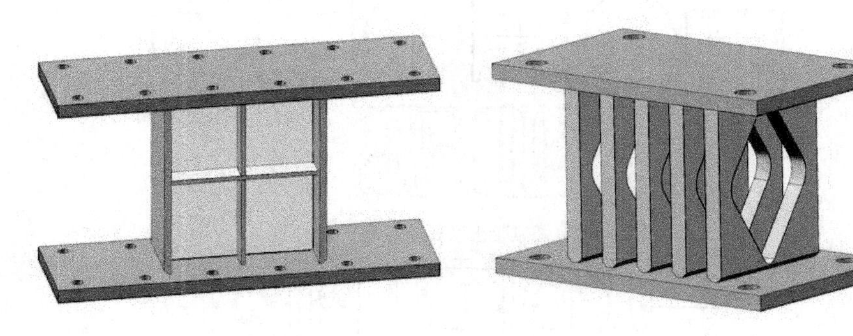

(a) 剪切型金属阻尼器　　(b) 弯曲型金属阻尼器

图 2-11　常见金属阻尼器类型

金属阻尼器主要利用金属材料屈服后的非弹性特点来消耗地震等外部激励输入结构中的能量(滞回耗能),从而给结构提供附加刚度和附加阻尼比,实现保护主体结构的目的[42]。与传统的抗震体系相比,金属阻尼器耗能减震结构体系能更加有效地抵御地震,并具有技术简明、稳定可靠、适用范围广等优点。阻尼器在结构中能够为结构提供第一道抗震防线,充当结构的“保险丝”,由于其屈服位移较小,因此能够先于结构进入屈服耗能状态,消耗地震能量,从而减小地震作用对主体结构造成的损伤。

设计合理的金属剪切阻尼器具有良好的滞回耗能性能以及低周疲劳性能,如图

2-12 所示。在工程应用中,金属阻尼器具有以下两个特点[43]:

(1) 刚度阻尼双调节功能。

金属阻尼器除了能够增加结构在地震作用下的耗能能力外,由于其本身具有一定的抗侧刚度,因此还可用于结构的抗侧刚度提升,在一定程度上减小地震作用下结构的位移反应。

(2) 体积小、布置方便。

与其他阻尼器相比,金属阻尼器自身外观尺寸更小(约 400 mm×400 mm),因此可以方便地设置在结构的填充隔墙或外墙中,且不会对建筑外观效果以及相应的建筑功能造成过大的影响,如图 2-13(a)所示。对于结构中的门窗洞口位置,同样可以避开后进行阻尼器的布置,如图 2-13(b)所示。

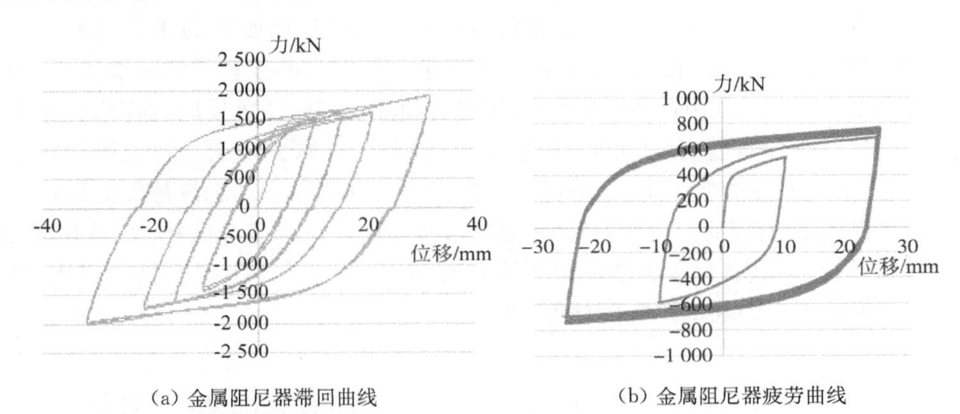

(a) 金属阻尼器滞回曲线　　(b) 金属阻尼器疲劳曲线

图 2-12　金属阻尼器滞回曲线及疲劳曲线

(a) 外墙处阻尼器布置　　(b) 内墙处阻尼器布置

图 2-13　金属阻尼器布置

2.3.3　摩擦阻尼器

摩擦阻尼器(FD)同样也属于位移型阻尼器,是一种由摩擦材料、摩擦压板、摩擦钢板以及预应力紧固螺栓组成的复合型阻尼器。其摩擦材料可采用复合摩擦材料、金属类摩擦材料和聚合物类摩擦材料等。摩擦阻尼器构造简单、加工制作难度较小、成本较低，并且可为结构提供一定的附加阻尼[44]，从而提高结构在地震作用下的耗能能力。

摩擦阻尼器利用材料间的摩擦做功消耗输入能量。当阻尼器在地震作用下产生往复运动时，其在摩擦力作用下，将能量转化为热能消耗掉。并且，摩擦阻尼器的耗能减震效果还可以通过调节紧固螺栓的预紧力来进行控制。预紧力越大，摩擦力也就越大，耗能减震效果也越明显，提供的抗侧刚度也更大。目前，摩擦阻尼器广泛应用于建筑结构抗震领域，其可控制结构在地震作用下的震动，保护结构和设备的安全性[45]。

根据不同的工程应用模式，摩擦阻尼器可分为轴向型和剪切型，如图 2-14 所示。两类阻尼器的滞回曲线与金属阻尼器类似，但不同的是摩擦阻尼器具有屈服后的第二刚度接近零的特点，如图 2-15(a)所示。摩擦阻尼器在结构构件屈服前的预定荷载下产生滑移，依靠摩擦做功耗散地震能量，同时，阻尼器变形后的等效刚度较弹性刚度更小，因此结构自振周期增大，减小了相应的地震需求，从而起到降低结构地震反应的作用。摩擦阻尼器本质上仍然是一种通过变形(滑移)耗散能量的装置，且摩擦阻尼力与速度和频率均无相关性，根据不同的性能作用阶段，可将其分为静力刚度阶段和动态滑移耗能阶段。在反复循环荷载作用下，摩擦阻尼器的滞回曲线近似为矩形，符合库仑摩擦力-位移模型[46]。因此，摩擦阻尼器可以承受多次往复循环荷载的作用，且性能不出现明显的退化，具有较为稳定的滞回耗能能力与低周疲劳性能，如图 2-15(b)所示。

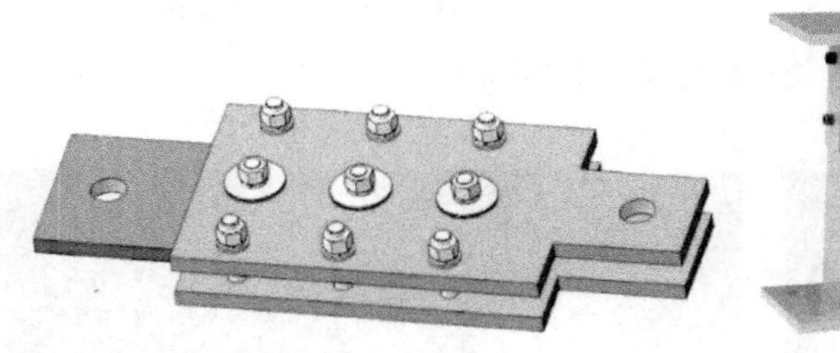

(a) 轴向型摩擦阻尼器

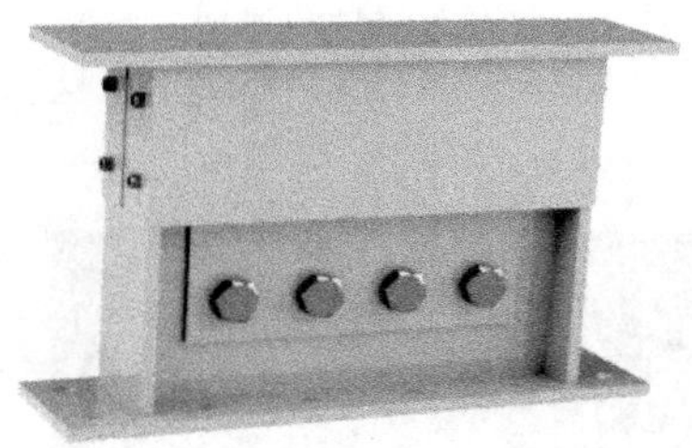

(b) 剪切型摩擦阻尼器

(c) 轴向型摩擦阻尼器工程应用

(d) 剪切型摩擦阻尼器工程应用

图 2-14　摩擦阻尼器类型及工程应用

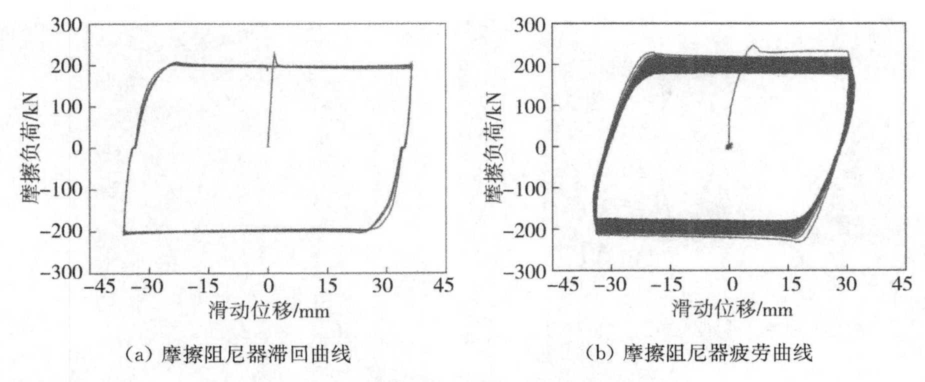

(a) 摩擦阻尼器滞回曲线　　(b) 摩擦阻尼器疲劳曲线

图 2-15　摩擦阻尼器力学性能曲线

2.4　速度型阻尼器分类及力学原理

2.4.1　黏滞阻尼器

黏滞阻尼器(VFD)根据不同的构造可分为单出杆、双出杆和间隙型三种形式[47]，目前较为成熟的黏滞阻尼器为双出杆筒式流体型，其构造如图 2-16 所示，主要由连接耳环、活塞杆、缸体以及黏性介质材料构成。在地震作用下，黏滞阻尼器活塞杆沿着缸筒方向运动，缸筒内一侧腔的黏性介质被压缩，受到挤压作用的腔体内压增大，腔内一侧黏性介质通过活塞上的射流孔或微小间隙流向另一侧，通过活塞两侧黏性介质的运动产生压力差，压力差形成对活塞杆运动的阻碍作用，从而产生黏滞阻尼力[48]。

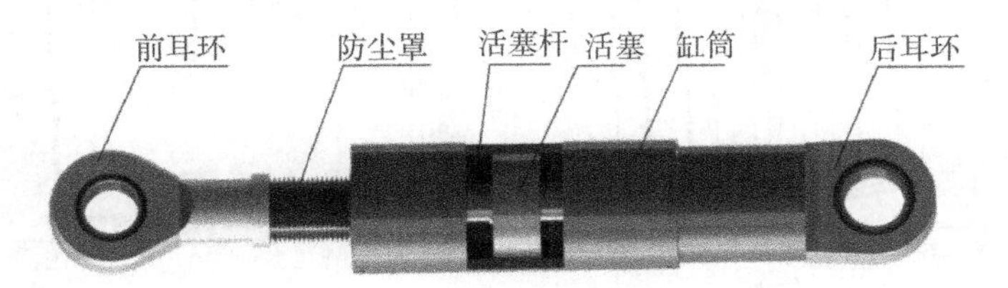

图 2-16　黏滞阻尼器构造

黏滞阻尼器在地震作用下能够在较大程度上提升结构的耗能能力，可为主体结构提供十分可观的附加阻尼比。由于黏滞阻尼力的大小主要与速度相关，因此阻尼器不会给结构额外附加静刚度，也不会改变结构的自振周期，从而影响结构的地震力需求。由反应谱理论易知，结构总体阻尼比越大，在相应地震作用下结构的地震响应(楼层剪力和层间位移等)越小，因此增大阻尼比能起到保护主体结构的作用，并能提高结构的抗震安全储备。实际结构中，黏滞阻尼器与主体结构的连接方式通常有支撑式连接以及墙式连接等，如图 2-17 所示。支撑式连接将钢支撑作为阻尼器与主体结构间的连接部件，并传递地震力，该连接方式对建筑立面的影响较大。墙式连接采用具有合适尺寸及刚度的上下墙墩作为阻尼器的连接部件，该连接方式占用的建筑空间较小，能较为方便地将阻尼器布置在结构中的隔墙位置，因而对建筑的立面以及建筑功能的影响较小。

(a) 支撑式连接

(b) 墙式连接

图 2-17 黏滞阻尼器连接方式

与位移型阻尼器不同，黏滞阻尼器的耗能能力与荷载作用的频率大小直接相关，通常采用正弦激励法对黏滞阻尼器的力学性能进行测试[49]，按照正弦波的变化规律输入位移，对阻尼器施加定频率 f（f 为结构基频）、定位移幅值 Δu（Δu 为消能阻尼器设计位移）的正弦力，连续进行 5 个循环加载，记录第 3 个循环所对应的最大阻尼力，将其作为实测值。要求消能阻尼器的最大阻尼力实测值偏差在产品设计值的±15%以内；实测值偏差的平均值应在产品设计值的±10%以内。黏滞阻尼器滞回曲线及疲劳曲线如图 2-18 所示。

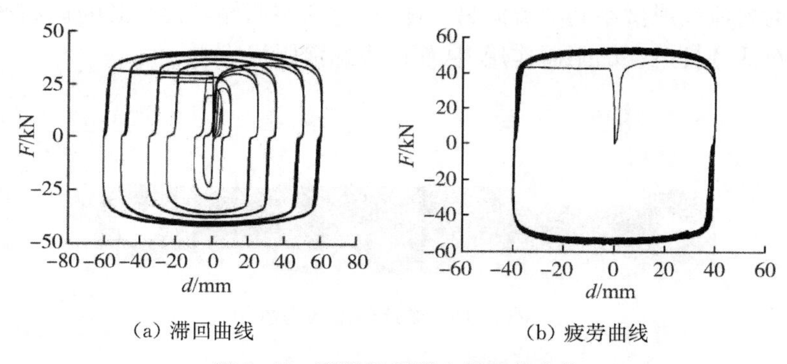

(a) 滞回曲线 (b) 疲劳曲线

图 2-18 黏滞阻尼器力学性能曲线

2.4.2 黏滞阻尼墙

黏滞阻尼墙（VFW）是 20 世纪 80 年代由日本学者 Arima 等[50]提出的一种可作为墙体安装在结构层间的消能减震装置，主要由内部钢板、外部钢板及位于内外钢板之间的黏性介质材料组成，如图 2-19 所示。内部钢板在封闭的高黏度阻尼液（烃类高分子聚合物）中运动，使黏性液体产生剪切变形而产生黏滞阻尼力，以提高结构的耗能能力，进而降低结构的地震反应。阻尼墙所使用的填充材料不易老化，且基本上不与空气接触，在正常的使用期间内性能几乎不会有变化。

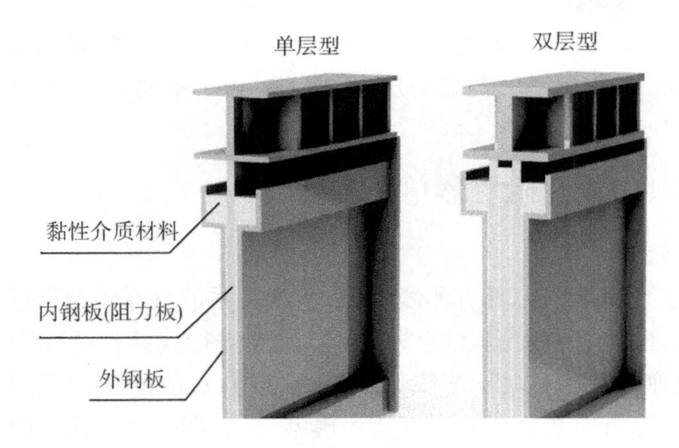

图 2-19　黏滞阻尼墙构造

黏滞阻尼墙作为一种速度型消能减震构件,如何使其发挥优越的耗能效果是设计的关键。阻尼墙的耗能效果除了与其在结构中的布置相关外,还与其自身阻尼参数密切相关,实际设计中常需要依据建筑规模及减震要求合理选择阻尼墙参数。由于黏滞阻尼墙只对结构阻尼比有影响,不附加静刚度,因此同样不会改变结构的自振周期。实际工程中,黏滞阻尼墙与主体结构的连接方式通常有墙式连接、支撑式连接等,如图 2-20 所示。为了提高阻尼墙的耗能减震效率,通常将阻尼墙安装在结构相对变形和相对速度较大的部位[51]。

(a) 支撑式连接

(b) 墙式连接

图 2-20　黏滞阻尼墙安装连接方式

2.5　各类阻尼器在 SAP2000 中的模拟

《建筑消能减震技术规程》(JGJ 297—2013)给出了各类阻尼器建议选用的恢复力模型。对于金属阻尼器和屈曲约束支撑,可采用双线性模型、三线性模型或 Bouc-Wen 模型模拟其力学行为;对于摩擦阻尼器和铅阻尼器,可采用理想弹塑性模型模拟其力学行为;对于黏滞阻尼器或黏滞阻尼墙,可采用麦克斯韦(Maxwell)模型模拟其力学行为;对于黏

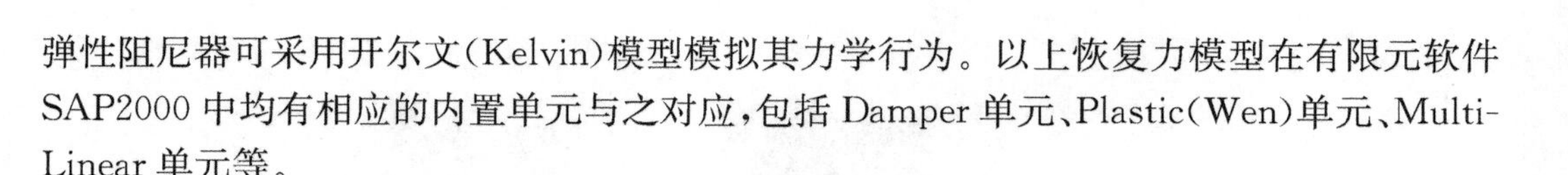

弹性阻尼器可采用开尔文(Kelvin)模型模拟其力学行为。以上恢复力模型在有限元软件 SAP2000 中均有相应的内置单元与之对应,包括 Damper 单元、Plastic(Wen)单元、Multi-Linear 单元等。

2.5.1 SAP2000 中常见阻尼器单元类型[52]

1) Damper 单元[52]

Damper 单元主要用于模拟具有非线性力-速度关系的黏滞阻尼器或黏滞阻尼墙。对于简单的线性阻尼,也可以使用耦合的线性连接属性进行代替。线性阻尼无须使用非线性黏滞阻尼的串联弹簧功能。对于非线性黏滞阻尼器,对应的每个变形自由度具有独立的阻尼属性,该属性可由前文介绍的麦克斯韦模型给出,即弹簧单元与阻尼器单元串联后的力学行为。当阻尼单元中的非线性属性不被使用时,相应的自由度参数是线性的。软件中使用 Damper 单元模拟速度型阻尼器时,弹簧系统对于精确模拟阻尼器的实际非线性阻尼行为十分重要,特别是具有分数指数的速度型阻尼器。合理设定弹簧系统的参数有助于较为准确地考虑阻尼器自身的连接刚度,从而确保阻尼单元在较小速度时不产生与实际情况不符的过大阻尼力。同样地,设计师如果将弹簧系统的刚度值设置得过大,则可能得到偏于不保守的耗能减震效果。因此,弹簧系统的刚度参数应根据阻尼器的实际刚度大小进行合理估计。

2) Plastic(Wen)单元[52]

SAP2000 中的 Plastic(Wen)单元具有非常丰富的模型参数,可通过改变不同的模型参数的取值模拟屈曲约束支撑、金属阻尼器以及摩擦阻尼器等位移型减震装置的恢复力模型。该单元主要涉及结构在线性分析工况与非线性分析工况两个阶段下阻尼器在相应自由度方向上的力学行为模拟,对于每一个变形自由度,单元的同轴塑性属性可独立使用,即阻尼器在一个自由度方向上的屈服并不影响其他方向的变形状态。与 Damper 单元类似,当单元中相应的非线性属性不被使用时,进行结构分析时仍然只使用该单元相应自由度方向上的线性参数。值得说明的是,Plastic(Wen)单元难以准确模拟金属类阻尼器具有的同向强化效应以及卸载刚度退化特点,并且对于阻尼器塑性硬化与随动强化等方面的特性也难以准确反应。

3) MultiLinear 单元[52]

SAP2000 软件中 MultiLinear 单元包含弹性(Elastic)和塑性(Plastic)两种,两种单元均可以根据阻尼器的滞回曲线特点给出相应的恢复力骨架曲线,但 MultiLinear-Plastic 同时给出了多种不同类型的滞回规则模型,可分别用于模拟屈曲约束支撑、金属阻尼器、摩擦阻尼器以及其他具有相应滞回特点的阻尼器。

(1) Isotropic(各向同性)滞回模型[52]

该滞回模型无需额外的参数设置,在加、卸载的过程中,正方向与负方向上的强度同时增长。与常见的金属随动强化特性不同,该模型骨架曲线在屈服后的阶段不随应变(变形)的增加而出现硬化,即保持屈服后曲线水平发展,强度的增加仅在卸载和反向加载时体现。因此,该滞回模型在软件所有内置滞回模型中的耗能效果最好,Isotropic 滞回模型如图 2-21 所示,它能较好地模拟摩擦阻尼器的力学行为。

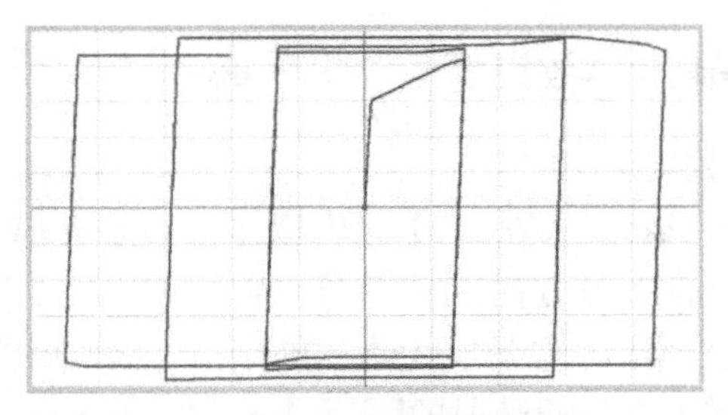

图 2-21　Isotropic 滞回模型

(2) BRB 硬化模型[52]

该模型类似于常见的金属随动硬化模型,同时还考虑了屈曲约束支撑恢复力骨架曲线及滞回规律的典型特征,即阻尼器承载力随塑性变形的增加而增大(应变硬化效应),且在正负方向上均具有同向强化特性,如图 2-22 所示。模型中采用正负最大塑性变形与累积塑性变形两种方式来描述阻尼器的变形量,这一模型除了能较好地模拟金属材料的循环力学行为外,还能较为准确地反映屈曲约束支撑在往复荷载作用下从弹性阶段到塑性阶段的完整滞回力学特性。

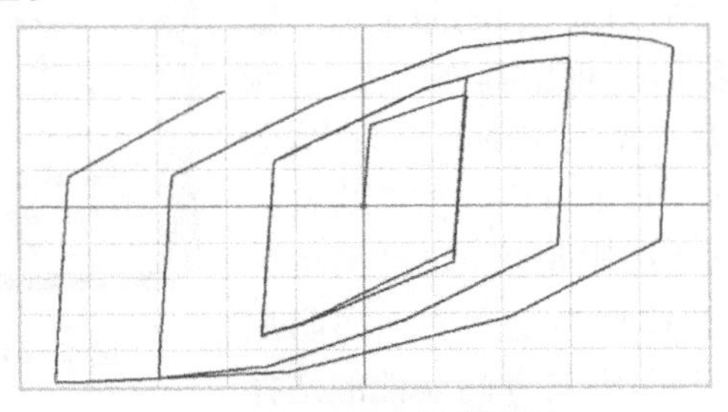

图 2-22　BRB 硬化模型

(3) 随动硬化(Kinematic)模型[52]

随动硬化模型是一种基于金属材料中普遍存在的随动硬化特性的滞回模型。SAP2000 软件中默认将该模型作为金属材料的滞回模型。其随动硬化的规则为:一个方向的塑性变形会影响另一个方向的曲线形状。在卸载或反向加载时,曲线沿着平行且长度等于前次加载段及其反向对应部分的路径进行,直至反向加载与骨架曲线相交汇,如图 2-23 所示。值得注意的是,该模型即使滞回曲线不完全对称,相应位置上的对称点仍然是相互关联的,即在 SAP2000 软件中可通过这一特点改变或控制滞回曲线的形状。随动硬化模型是 BRB 硬化模型的基础,适用于模拟金属延性材料在往复荷载作用下的力学特性。

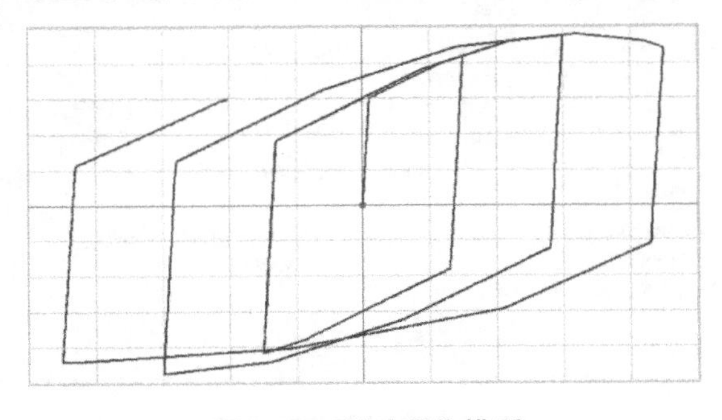

图 2-23　随动硬化模型

2.5.2 常见阻尼器单元参数设置

1. 位移型阻尼器参数定义

SAP2000 中通常采用 Plastic(Wen)单元模拟屈曲约束支撑、金属阻尼器以及摩擦阻尼器，但由于以上阻尼器的受力方向有所差异，因此在定义方向参数时，应根据阻尼器的实际受力方向进行确定。Plastic(Wen)单元在建模阶段的【定义】→【截面属性】→【连接属性】下添加，如图 2-24 所示。

1）基本属性

Plastic(Wen)单元的基本属性参数定义主要包括连接单元的属性类型选择、单元总质量和总重量的指定、P-Delta 参数选择、连接方向属性及类型选择、用于分析的刚度选项的确定，如图 2-25 所示。其中，对于屈曲约束支撑，其消能减震作用的方向为轴力方向，因此应进行 U1 方向(轴向)的阻尼器参数属性定义。对于金属阻尼器，应根据其连接方式(墙式连接或支撑式连接)以及在结构中的布置方向，分别进行 U2 方向(结构 X 向)和 U3 方向(结构 Y 向)参数属性定义。对于摩擦阻尼器，如果类型为“剪切型”，则其方向属性的选择与定义和金属阻尼器相同，如果类型为“轴向型”，则其方向属性的选择与定义和屈曲约束支撑相同。

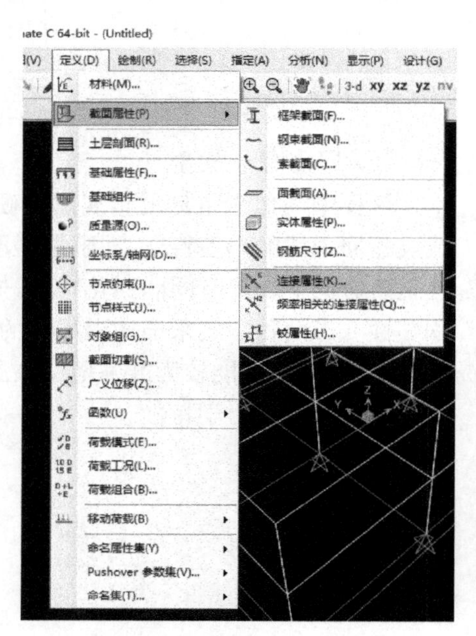

图 2-24　阻尼器单元定义路径

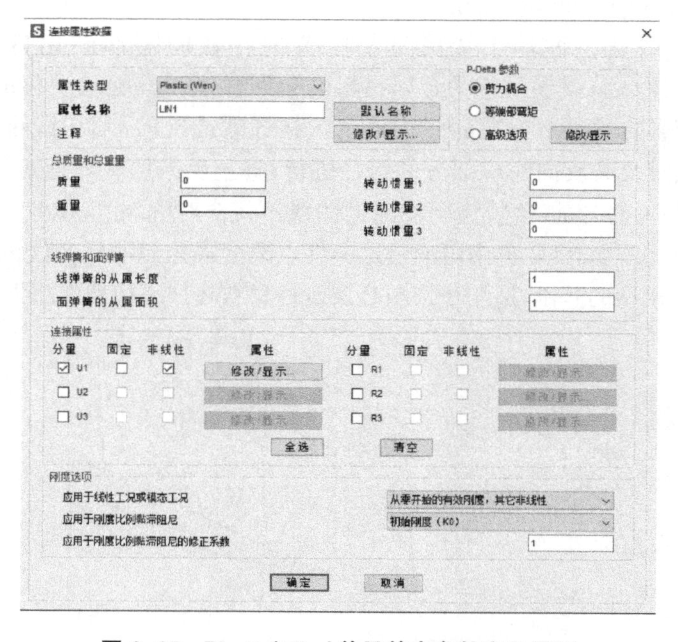

图 2-25　Plastic(Wen)单元基本参数定义界面

该参数定义对话框中，应当特别注意的是，“刚度选项”中的参数仅对非线性分量起作用，对线性分量无影响。“应用于线性工况或模态工况”为刚度选项中的第一个参数，对应的下拉菜单中有三个子选项，分别为：①有效刚度；②从零开始的有效刚度，其他非线性；③非线性刚度。其中子选项②为默认设置，表示当结构的线性分析工况从无应力状态开始时，连接单元将会使用有效刚度，对于其他情况，则会使用属性中的初始非线性刚度。子选项①表示线性工况中结构将始终使用阻尼器的有效刚度。子选项③表示线性工况中结构将始终使用阻尼器的非线性初始刚度。“应用于刚度比例黏滞阻尼”为刚度选项中的第二个参数，对应的下拉菜单中也有三个子选项，分别为：①初始刚度；②切线刚度；③有效刚度。采用直接积分法或振型积分法计算结构的地震作用时，结构的阻尼模型通常采用瑞利阻尼，而阻尼器单元的刚度取值会影响到瑞利阻尼中刚度比例阻尼的大小。子选项①表示结构分析时使用阻尼器单元的非线性初始刚度，这往往是阻尼器刚度的最大值，因此计算结果可能偏于不安全。子选项②表示结构分析时采用阻尼器单元当前变形位置处的切线刚度，其能较为真实地反映阻尼器的实际工作状态，但由于该刚度需要用软件进行迭代计算，因此将在一定程度上增加软件计算分析所用时间。子选项③表示结构分析时采用阻尼器单元当前变形位置处的等效割线刚度，这是一种兼顾软件计算效率和计算精度的选择，既不会高估阻尼器的刚度贡献，也不会显著增加软件的计算分析时间。“应用于刚度比例黏滞阻尼的修正系数”为刚度选项中的第三个参数，表示用于刚度比例阻尼中刚度矩阵调整的系数。设计师可根据工程实际情况输入 0～1 之间的调整系数值，软件将基于该调整系数对用于瑞利阻尼的阻尼器单元刚度进行调整，输入为 0 即忽略阻尼器单元刚度对瑞利阻尼的贡献，软件默认的调整系数值为 1。

2）非线性属性

当设计师完成 Plastic(Wen)单元的基本属性参数定义后，需要根据设计得到的阻尼器实际参数定义相应的非线性属性，如图 2-26 所示。相较于屈曲约束支撑，金属阻尼器

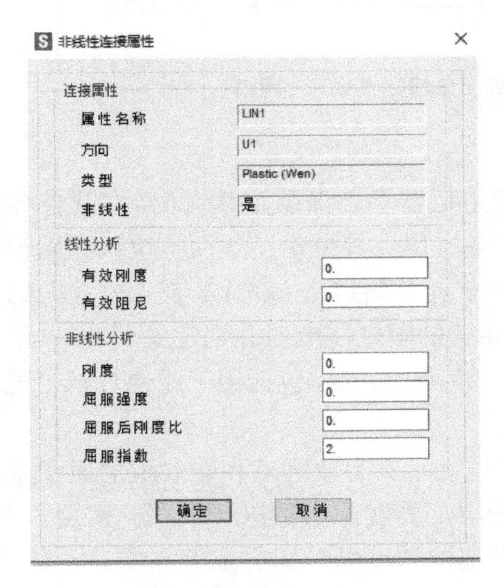

(a) 屈曲约束支撑非线性属性定义

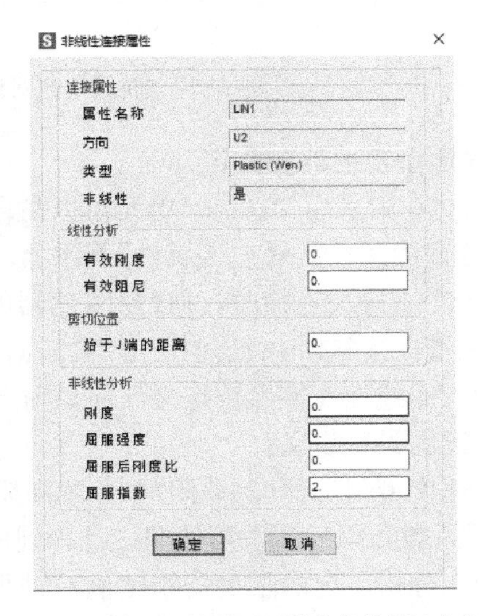

(b) 金属阻尼器、摩擦阻尼器非线性属性定义

图 2-26　位移型阻尼器非线性属性参数定义

与摩擦阻尼器需指定明确的“剪切位置”，即输出阻尼器作用力和变形的位置。非线性属性参数定义对话框中需分别指定用于线性分析工况和非线性分析工况的阻尼器参数。用于线性分析工况的参数包括阻尼器的有效刚度和有效阻尼，如果阻尼器在多遇地震工况下保持弹性工作，即不进入屈服耗能状态，则有效刚度为其弹性刚度，且未附加给结构相应的有效阻尼比，即有效阻尼值应当设置为 0。对于阻尼器在多遇地震作用下即进入屈服耗能工作状态的情况，需进行迭代计算后确定有效刚度或采用直接积分法估算实际变形情况下阻尼器的等效割线刚度；对于有效阻尼值，同样需要迭代计算后再进行确定，或采用直接积分法估算阻尼器附加给结构的有效阻尼比。用于非线性分析工况的参数包括阻尼器的初始非线性刚度、屈服承载力、屈服后刚度比以及屈服拐点形状控制系数。

对于屈曲约束支撑，初始非线性刚度的取值为轴向弹性刚度，屈服承载力取值为轴向屈服荷载，屈服后刚度比通常取值为 0.02～0.04；对于摩擦阻尼器及金属阻尼器，初始非线性刚度的取值为剪切弹性刚度，屈服承载力分别为剪切屈服荷载与启滑荷载；屈服后刚度比通常取值为 0 与 0.035。值得说明的是，屈服指数的取值可显著影响阻尼器滞回曲线屈服拐点的形状，如图 2-27 所示。当屈服指数取值较大时，屈服拐点为尖锐拐点，即通过该方式可模拟具有双线性恢复力特性的阻尼器的滞回特点。当屈服指数取值较小时，屈服拐点为圆滑型过渡拐点，即通过该方式可模拟具有圆弧过渡特点的阻尼器滞回特性。

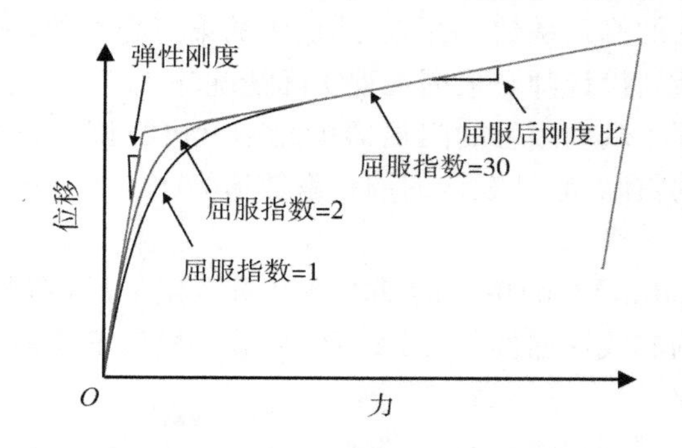

图 2-27　屈服指数对滞回曲线拐点形状的影响

2. 速度型阻尼器参数定义

SAP2000 中采用 Damper 单元模拟黏滞阻尼器和黏滞阻尼墙，同样在软件界面中的【定义】→【截面属性】→【连接属性】下添加。基本属性参数定义界面与位移型阻尼器完全相同，当采用支撑式连接时，可根据阻尼器的布置方向定义 U1、U2 或 U3 方向的参数属性；当采用墙式连接时，沿结构 X 向和 Y 向布置的阻尼器应当分别定义 U2 和 U3 方向的参数属性。非线性属性参数定义界面如图 2-28 所示，同样包括用于线性分析工况和非线性分析工况的参数定义。

对于速度型阻尼器（黏滞阻尼器、黏滞阻尼墙），其有效刚度和有效阻尼通常采用默认值 0，阻尼系数和阻尼指数可按照设计得到的阻尼器实际参数进行填写。需要说明的是，用于非线性分析工况的阻尼器刚度值对结果结构和计算时间有显著影响。总体上，阻尼器刚度值越大，阻尼器的耗能效果越好[如图 2-29(a)所示]，但软件需要的计算分析时间也越长。反之，阻尼器的耗能效果越差[如图 2-29(b)所示]，软件需要的计算分析时间也越短。通常，根据工程经验，该数值可在 kN 和 mm 的单位下取为阻尼系数的 100～200 倍，也可根据减震装置厂家提供的阻尼器连接刚度值进行确定。

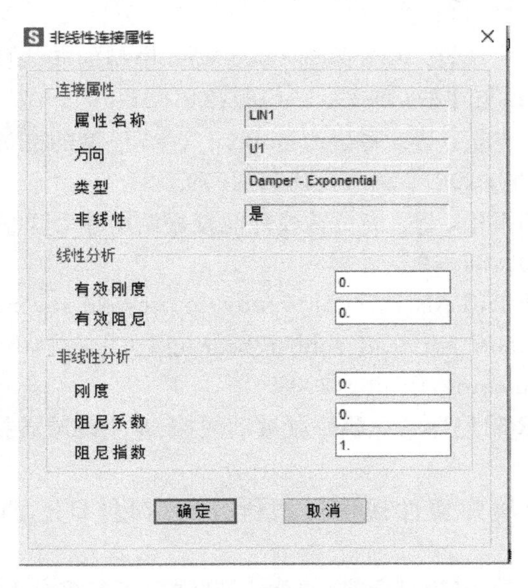

图 2-28　位移型阻尼器非线性属性参数定义

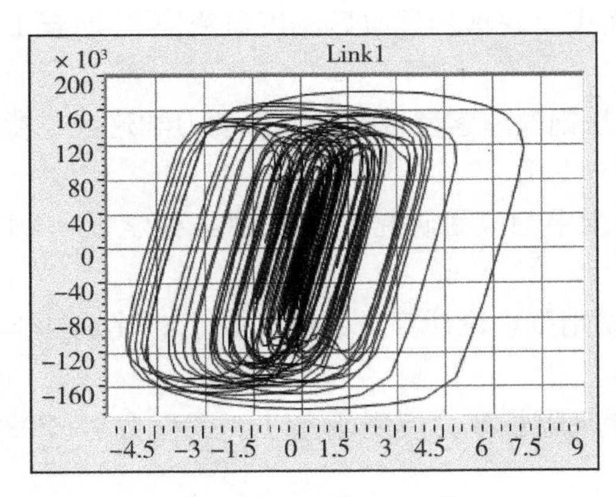

(a) 刚度取 10 倍阻尼系数

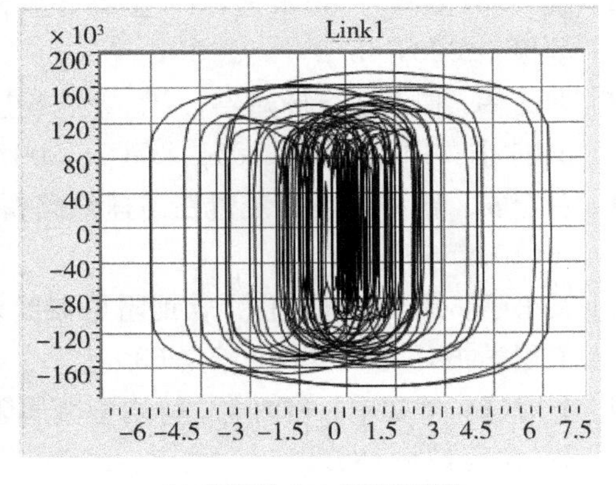

(b) 刚度取 100 倍阻尼系数

图 2-29　阻尼器刚度取值对耗能效果的影响

参考文献

[1] 周云. 防屈曲耗能支撑结构设计与应用[M]. 北京：中国建筑工业出版社，2007.

[2] 童根树，黄金桥. 不同滞回模型下单自由度系统的位移和能量反应[J]. 浙江大学学报(工学版)，2005，39(1)：124-131.

[3] MAROHNIC T，BASAN R. Study of monotonic properties' relevance for estimation of cyclic yield stress and Ramberg-Osgood parameters of steels[J]. Journal of

Materials Engineering and Performance，2016，25(11):4812-4823.
[4] 吴克川，陶忠，潘文，等. 基于改进 Bouc-Wen 模型的防屈曲支撑参数拟合方法[J]. 建筑科学，2020，36(11):21-28.
[5] 郭秀秀，李长宇，史庆轩. 基于改进 Bouc-Wen 模型的非线性结构非平稳随机地震响应分析[J]. 振动与冲击，2020，39(18):248-254.
[6] 郝荣彪，赵宝生，党贺，等. 基于改进 Bouc-Wen 模型的磁流变阻尼器建模及验证[J]. 应用力学学报，2021，38(4):1574-1579.
[7] 吴从晓，周云，邓雪松，等. 高位转换耗能减振结构静力弹塑性分析[J]. 土木工程学报，2008，41(9):54-59.
[8] JIN J J, ZHOU F L, TAN P, et al. Study on preyield shear stiffness of differential restoring force model for lead rubber bearing [C] //14th World Conference on Earthquake Engineering, Beijing, 2008.
[9] 舒高华. 基于 MR 阻尼器的纵飘桥梁被动减振:半主动减震控制研究[D]. 长沙:中南大学,2012.
[10] 李红孝. 延性金属弹塑性损伤模型研究与应用[D]. 西安:西安建筑科技大学，2014.
[11] 罗培林. Hooke's Law(胡克定律)的革新与“强度稳定综合理论”的创建和发展[J]. 哈尔滨工程大学学报，2008，29(7):641-650.
[12] 黎大玮,夏修身,张永强,等. 金属橡胶桥梁支座剪切屈服后刚度研究[J]. 地震工程学报，2023，45(2):355-361.
[13] 李冬伟，白鸿柏，杨建春，等. 金属橡胶-钢丝绳索型减摆阻尼器动力学建模与参数识别[J]. 航空学报，2006，27(6):1097-1101.
[14] 白全安. 新型减隔震装置在高速铁路桥梁中的应用研究[J]. 铁道工程学报，2019，36(10):66-71.
[15] 梁书亭，周政，朱筱俊. 软钢阻尼器剪切刚度理论计算与数值模拟[J]. 建筑科学与工程学报,2022，39(6):55-63.
[16] 卜海峰，蒋欢军，和留生. 剪切型金属阻尼器恢复力模型研究[J]. 工程力学，2022，39(10):131-139.
[17] 周云，韩宇娴，商城豪，等. 消能减震结构阻尼器有效刚度及结构等效阻尼比取值方法研究[J]. 建筑结构，2022，52(5):43-47.
[18] 金靖，江晓峰. 黏滞阻尼器与金属屈服耗能器的设计参数与性能比较[J]. 浙江工业大学学报，2008，36(1):102-107.
[19] GHAJAR R, NASERIFAR N, SADATI H, et al. A neural network approach for predicting steel properties characterizing cyclic Ramberg-Osgood equation[J]. Fatigue & Fracture of Engineering Materials and Structures，2011，34(7):534-544.
[20] 李冀龙，欧进萍. X形和三角形钢板阻尼器的阻尼力模型(Ⅱ):基于 R-O 本构关系[J]. 世界地震工程，2004，20(2):129-133.
[21] ADAM N, CHALID E D, HEINZ K, et al. New Method for Evaluation of the

Manson-Coffin-Basquin and Ramberg-Osgood Equations with Respect to Compatibility[J]. International Journal of Fatigue, 2008, 30(10):1967-1977.

[22] LI J, ZHANG Z, Li C. An Improved Method for Estimation of Ramberg-Osgood curves of Steels From Monotonic Tensile Properties[J]. Fatigue & Fracture of Engineering Materials and Structures, 2016, 39(4):412-426.

[23] 王鹏，杨绍普，刘永强，等. 一种描述磁流变弹性体滞回特性的分数阶导数改进Bouc-Wen模型[J]. 工程科学学报，2022，44(3):389-401.

[24] 吴山，何浩祥，陈易飞. 面向时变阻尼比-位移双目标的防屈曲支撑减震体系设计方法[J]. 振动工程学报，2022，35(3):663-673.

[25] 高向宇，张慧，杜海燕，等. 防屈曲支撑恢复力的特点及计算模型研究[J]. 工程力学,2011,28(6):19-28.

[26] 李建勤，高向宇，刘超，等. 基于改进Bouc-Wen模型防屈曲支撑的参数识别[J]. 北京工业大学学报，2016，42(2):245-252.

[27] 徐龙河，王坤鹏，谢行思，等. 具有复位功能的阻尼耗能支撑滞回模型与抗震性能研究[J]. 工程力学，2018，35(7):39-46.

[28] 帅词俊，段吉安，王炯. 关于黏弹性材料的广义Maxwell模型[J]. 力学学报,2006,38(4):565-569.

[29] 朱宏平，翁顺，陈晓强. 控制两相邻结构地震动响应的Maxwell模型流体阻尼器优化参数研究[J]. 应用力学学报，2006，23(2):296-300.

[30] 蔡婷，张洵安，连业达，等. 可调式微型黏滞流体阻尼器理论与试验研究[J]. 西北工业大学学报，2016，34(2):241-244.

[31] 段勇，白羽，杨帅帅. 黏滞阻尼结构的附加阻尼比计算方法对比研究[J]. 四川建筑科学研究，2023，49(2):19-25.

[32] 张志强，李爱群. 建筑结构黏滞阻尼减震设计[M]. 北京:中国建筑工业出版社，2012.

[33] 谢强，赵亮. 屈曲约束支撑的研究进展及其在结构抗震加固中的应用[J]. 地震工程与工程振动，2006，26(3):100-103.

[34] 汪家铭，中岛正爱，陆烨. 屈曲约束支撑体系的应用与研究进展(Ⅰ)[J]. 建筑钢结构进展，2005，7(1):1-12.

[35] 汪家铭，中岛正爱，陆烨. 屈曲约束支撑体系的应用与研究进展(Ⅱ)[J]. 建筑钢结构进展，2005,7(2):1-11.

[36] 谢强，赵亮. 屈曲约束支撑的研究进展及其应用[J]. 钢结构，2006，21(1):46-48.

[37] 景铭，戴君武. 消能减震技术研究应用进展侧述[J]. 地震工程与工程振动，2017，37(3):103-110.

[38] 和田章，岩田卫，清水敬三，等. 建筑结构损伤控制设计[M]. 曲哲，裴星洙，译. 北京:中国建筑工业出版社，2014.

[39] 程卫红，肖从真. 布置剪切型金属阻尼器框架结构的反应谱分析方法讨论[J]. 建筑科学，2019，35(11):7-12.

[40] 朱柏洁，张令心，王啸霆，等. 形状优化的装配式剪切型金属阻尼器力学性能研究[J]. 建筑结构学报，2018，39(5)：106-115.
[41] 王正东 ，沈景凤，丁孙玮. 金属阻尼器的发展现状[J]. 中国水运，2019，19(1)：115-116.
[42] 赵子龙，赵桂峰，张晶晶，等. 凸轮式响应放大金属阻尼器单自由度体系地震反应分析[J]. 工程力学，2022，39(S1)：129-137.
[43] 谢皓宇. 用于桥梁减震耗能的金属阻尼器研究进展[J]. 公路交通技术，2020，36(4)：42-47.
[44] 石文龙，张浩波. 摩擦阻尼器的研究进展[J]. 地震工程学报，2022，44(1)：1-16.
[45] 周海俊，何纪元，杨夏，等. 摩擦阻尼器-拉索系统振动特性试验研究[J]. 湖南大学学报(自然科学版)，2022，49(5)：26-33.
[46] 陈家川，赵桂峰，马玉宏，等. 无预紧力变摩擦阻尼器的研发与简谐激励下的动力特性分析[J]. 地震工程与工程振动，2023，43(2)：212-221.
[47] 邓长根. 日本建筑结构耗能减震研究和应用的若干新进展[J]. 四川建筑科学研究，2003，29(2)：84-87.
[48] 汪大洋，周云，王烨华，等. 黏滞阻尼减震结构的研究与应用进展[J]. 工程抗震与加固改造，2006，28(4)：22-31.
[49] 中华人民共和国住房和城乡建设部. 建筑消能阻尼器：JG/T 209—2012[S]. 北京：中国标准出版社，2012.
[50] 周云，陈章彦，郭阳照，等. 新型减震填充墙(板)抗震性能、机理及应用研究进展[J]. 防灾减灾工程学报，2021，41(4)：753-767.
[51] 吕西林，蒋欢军. 高层建筑减振控制研究及工程应用[C] //第二十三届全国高层建筑结构学术交流会. 广州，2014.
[52] 北京筑信达工程咨询有限公司. CSI 分析参考手册[EB/OL]. (2018-04-18)[2023-12-24]. https://www.cisec.cn/support/files/CSI 分析参考手册.pdf.

消能减震结构基本原理

本章以单自由度体系为例，介绍消能减震结构的消能原理，并针对位移型阻尼器和速度型阻尼器的力学特性，给出相应消能减震结构的工作机理。

图 3-1 为消能减震结构等效单自由度体系的计算简图。图中 ΔK 为位移型阻尼器附加给主体结构的刚度，ζ_a 为速度型阻尼器附加给主体结构的阻尼比，m 和 K_f 分别为主体结构的质量与抗侧刚度，Δm 为阻尼器附加给主体结构的质量。

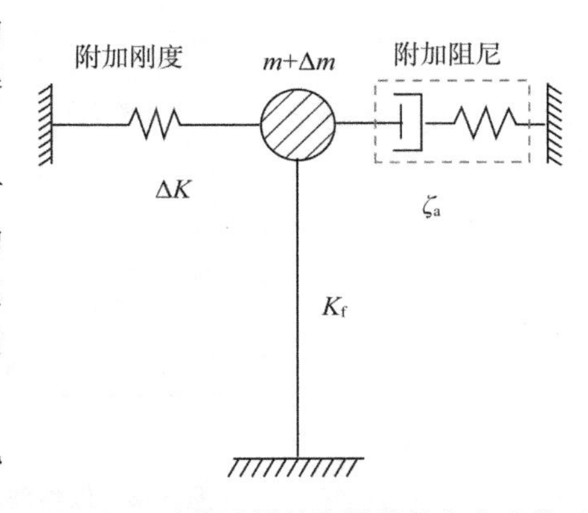

图 3-1　消能减震结构等效单自由度体系

地震作用下，传统抗震结构的能量平衡方程见式(3-1)[1-3]：

$$E_i = E_e + E_k + E_c + E_h \tag{3-1}$$

式中：E_i 为地震作用输入结构的地震能量，E_e 为结构产生变形后的弹性变性能，E_k 为结构运动过程中产生的动能，E_c 为结构自身的阻尼耗能，E_h 为地震作用下结构损伤产生的滞回耗能。

分析式(3-1)容易发现，由于地震作用结束后，结构的动能和弹性变性能均为 0，因此，当地震输入结构的地震能量保持不变时，该能量被结构自身的阻尼以及损伤所产生的能量耗散效应所消耗，如果通过消能减震措施提高结构自身的阻尼，则可相应地减少结构的滞回耗能，从而降低结构的损伤程度。同样地，分析结构能量平衡方程易知，改变结构的质量组成和刚度组成仍然能够有效控制结构的地震反应。

结构增设消能减震装置后的能量平衡方程见下式[4-7]：

$$E'_i = E'_e + E'_k + E'_c + E'_h + E_d \tag{3-2}$$

式中：E'_i为地震作用输入消能减震结构的地震能量，E'_e为消能减震结构产生变形后的弹性变性能，E'_k为消能减震结构运动过程中产生的动能，E'_c为消能减震结构自身的阻尼耗能，E'_h为地震作用下消能减震结构损伤产生的滞回耗能，E_d 为消能减震装置吸收的地震能量。

3.1　位移型阻尼器消能减震原理

3.1.1　位移型阻尼器对结构位移反应的控制

从结构位移反应谱的角度来看[8-9]，结构刚度越大，周期越小，则相应的位移反应也越小。同样地，结构自身阻尼比越大，结构的能量耗散能力越强，相应的位移反应也越小，如图 3-2 所示。位移型阻尼器可根据不同的工程应用模式为结构提供附加刚度或同时提供附加刚度与附加阻尼比，因此，位移型阻尼器的位移减震效果十分明显。

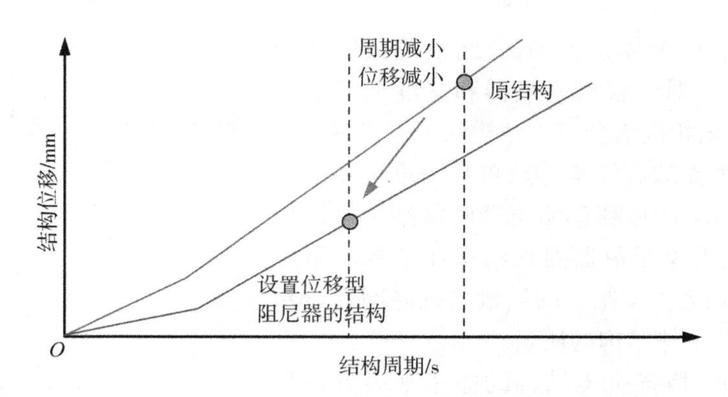

图 3-2　位移型阻尼器对结构位移减震控制的原理

3.1.2　位移型阻尼器对结构地震剪力的控制

由反应谱理论[10-12]可知，结构阻尼比越大，作用于结构的地震力就越小，结构地震反应也就越小，如图 3-3 所示。阻尼器在多遇地震作用下保持弹性工作，在设防地震或罕遇地震作用下进入屈服耗能阶段，这种情况出现的原因在于：多遇地震作用下阻尼器仅为结构提供附加抗侧刚度，此时结构的自振周期会由于抗侧刚度的增加而降低，这虽然在反应谱上表现为地震作用的增加，但由于阻尼器成为了结构的第一道防线，分担了部分地震力，因此作用于结构的剩余部分地震力相较于原结构反而有所降低。此外，由于抗侧刚度的增加，结构在地震作用下抵抗变形的能力有所提升，因此结构相应的位移反应可得到有效的控制。在设防地震或罕遇地震作用下，阻尼器屈服耗能，为结构提供附加阻尼，增加结构的耗能能力，从而有效控制结构的地震剪力，同时也能为结构贡献一定的刚度，减小位移反应。

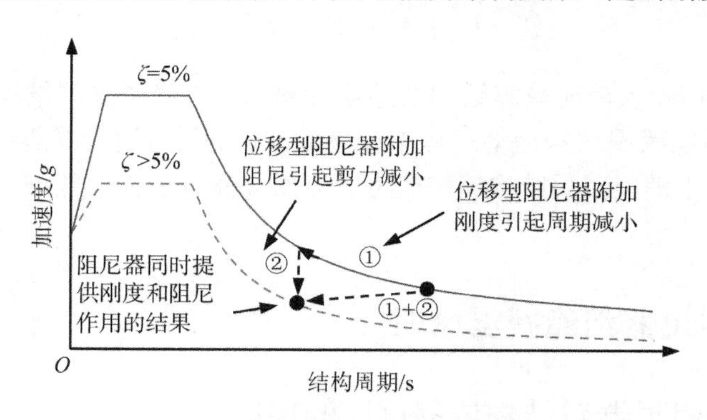

图 3-3　位移型阻尼器对结构剪力减震控制的原理

在多遇地震作用下便进入屈服耗能的位移型阻尼器，可在不同水准阶段同时为结构提供附加阻尼比和附加抗侧刚度，其消能减震路径为图 3-3 中的路径①＋②。在该减震路径下，合理设计阻尼器的数量与参数，可在有效控制结构位移反应的同时，降低结构的地震剪力。值得说明的是，此情况下须合理确定消能减震结构的位移减震目标与地震剪力减震目标，即设定合理的位移降低率及地震剪力降低率，避免出现位移降低率及地震剪力减低率均较大以及位移降低率较小而地震剪力减低率较大的情况，已有研究表明[13]：此情况下可能出现减震性能曲线无交点的情形，如图 3-4 所示，即无法通过合理的阻尼器数量和参数设计同时实现位移减震目标及地震剪力减震目标。根据图 3-4 中减震性能点的分布规律，位移降低率的建议取值范围为 0.5～0.8，剪力降低率的建议取值范围为 0.7～0.9。

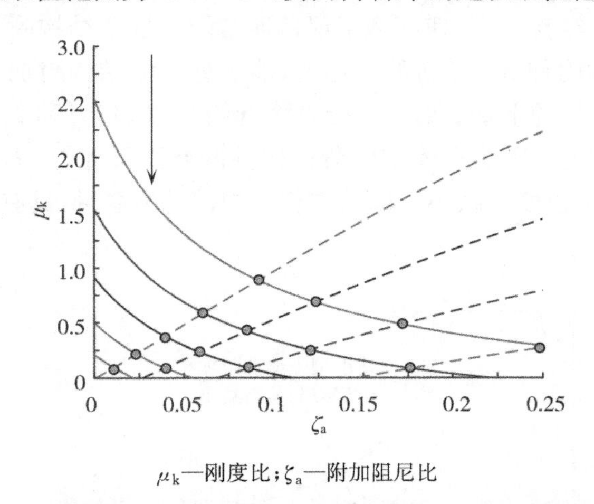

μ_k—刚度比；ζ_a—附加阻尼比

图 3-4　同时提供附加阻尼和刚度的消能结构减震性能曲线

3.2　速度型阻尼器消能减震原理

3.2.1　速度型阻尼器对结构位移反应的控制

与位移型阻尼器的消能减震原理不同，速度型阻尼器并不会改变结构的动力特性，也不会改变结构的抗侧刚度，主要通过提升结构的耗能能力实现相应的减震效果，即通过附加给主体结构额外的阻尼比减小结构的地震反应，如图 3-5 所示。附加阻尼比值通常小于 10%，且《建筑抗震设计规范》[GB 50011—2010(2016 年版)]规定，当消能减震装置附加给主体结构的有效阻尼比超过 25%时，按 25%算，因此，速度型阻尼器对结构的位移减震控制效果不如位移型阻尼器，其位移减震效果有限，但能在一定程度上降低结构的地震剪力，有较好的地震剪力减震控制效果。

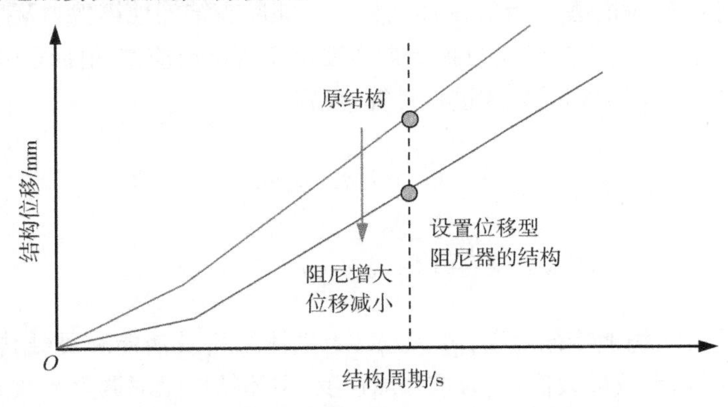

图 3-5　速度型阻尼器对结构位移减震控制的原理

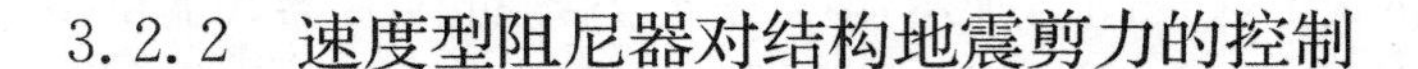

3.2.2 速度型阻尼器对结构地震剪力的控制

速度型阻尼器可在各水准地震作用下为结构提供附加阻尼比，从而提升结构的能量耗散能力。根据工程经验[14-15]，速度型阻尼器通常能为框架结构附加 5%左右的阻尼比，能为框架剪力墙结构附加 3%左右的阻尼比，能为剪力墙结构附加 2%左右的阻尼比，相应结构体系在地震作用的下基底剪力可分别降低约 20%、10%和 7%。可见，采用速度型阻尼器能够在一定程度上减小主体结构梁柱构件的断面尺寸，从而有效控制结构的建设成本，同时也可在一定程度上减小主体结构相关构件的配筋量，具有一定的经济性。

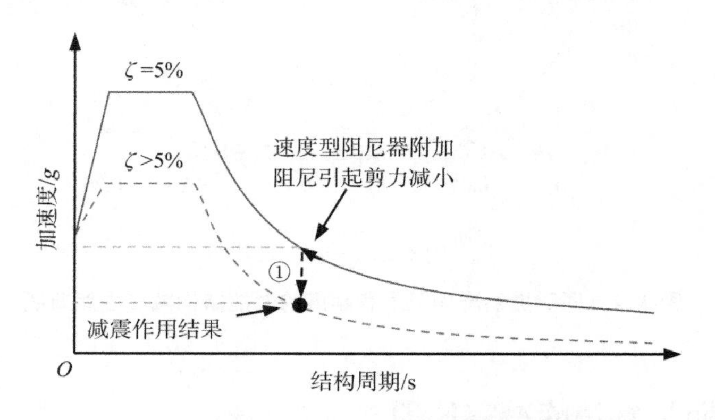

图 3-6 速度型阻尼器对结构剪力减震控制的原理

3.3 消能减震结构位移降低率计算式

设主体结构单自由度体系在地震作用下的地震剪力为 V_1，相应的位移为 x_1，设置阻尼器后的减震结构单自由度体系的地震剪力为 V_2，相应的位移为 x_2，则有

$$V_1 = K_f x_1 \tag{3-3}$$

$$V_2 = (K_f + \Delta K) x_2 \tag{3-4}$$

采用振型分解反应谱法[16]计算主体结构及消能减震结构地震剪力 V_1 及 V_2。已有研究表明[17-19]，钢筋混凝土框架结构自振周期主要位于规范反应谱的曲线下降段，地震影响系数 α 采用该周期范围内相应公式进行计算，可得

$$V_1 = \left(\frac{T_g}{T}\right)^{\gamma} \eta_2 \alpha_{\max} m g \tag{3-5}$$

$$V_2 = \left(\frac{T_g}{T_e}\right)^{\gamma_e} \eta_{2e} \alpha_{\max} (m + \Delta m) g \tag{3-6}$$

式中：T_g 为建筑所在场地特征周期，η_2 及 η_{2e} 为主体结构及消能减震结构的阻尼调整系数，$\alpha_{\max}$ 为地震影响系数最大值，g 为重力加速度，主体结构阻尼调整系数 η_2 取 1，衰减指数 γ 取 0.9，消能减震结构阻尼调整系数 η_{2e} 及衰减指数 γ_e 按下式计算：

$$\eta_{2e}=\frac{0.16+0.6\zeta_a}{0.16+1.6\zeta_a} \tag{3-7}$$

$$\gamma_e=\frac{0.54+4.4\zeta_a}{0.6+6\zeta_a} \tag{3-8}$$

将式(3-7)、式(3-8)代入式(3-6)，并联立求解式(3-3)、式(3-4)、式(3-5)得

$$(\mu_k+1)^{(1-0.5\gamma_e)}=\frac{(0.16+0.6\zeta_a)T^{\left(\frac{\zeta_a}{0.6+6\zeta_a}\right)}}{\mu_x T_g^{\left(\frac{\zeta_a}{0.6+6\zeta_a}\right)}(0.16+1.6\zeta_a)(1+\mu_m)^{(0.5\gamma_e-1)}} \tag{3-9}$$

式(3-9)即消能减震结构在特定目标位移下，所需的由位移型阻尼器提供的附加刚度比或速度型阻尼器提供的附加阻尼比关系式，其中 μ_x 为消能减震结构目标位移 x_2 与主体结构位移 x_1 之比($\mu_x=x_2/x_1$)。当附加阻尼比 $\zeta_a=0$ 时，式(3-9)转化为位移型阻尼器减震结构在目标位移下的刚度需求方程；当刚度比 $\mu_k=0$ 时，式(3-9)转化为速度型阻尼器减震结构在目标位移下的阻尼需求方程。

图 3-7 为位移比 μ_x 不同取值下，刚度比 μ_k 与附加阻尼比 ζ_a 间的组合关系曲线，从图中可以看出：当结构目标位降低率一定时(即位移比 μ_x 确定时)，随着速度型阻尼器提供的附加阻尼比的增加，结构对刚度的需求随之降低，且两者呈非线性变化关系；当速度型阻尼器提供的附加阻尼比较大时，随着附加阻尼比的增加，所需附加刚度的变化趋于平缓；当结构的附加阻尼比或附加刚度确定后，可通过图中曲线确定相应目标位移下结构所需的附加刚度或附加阻尼比；在考虑规范对消能减震结构附加阻尼比上限值的规定的情况下，难以仅通过附加阻尼比使结构实现较小的目标位移(例如 $\mu_x=0.5$ 时)。

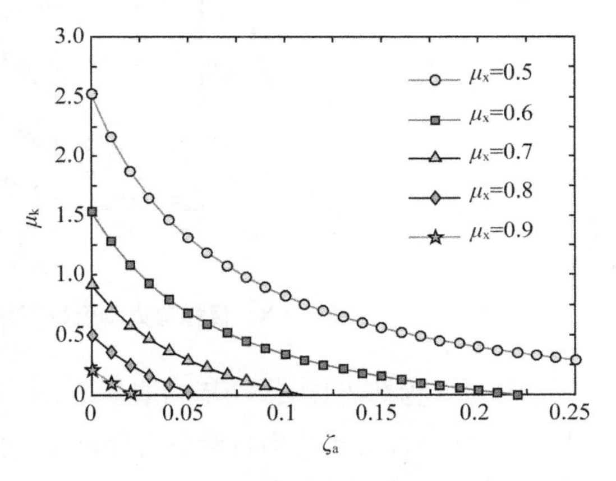

图 3-7　目标位移下附加阻尼比及附加刚度组合曲线

3.4　消能减震结构剪力降低率计算式

在消能减震结构中，位移型阻尼器为结构提供附加刚度，使结构自振周期减小，从而在一定程度上增加结构的地震剪力，而速度型阻尼器则会增大结构的阻尼，提高结构的耗能能力，在一定程度上减小结构地震剪力，地震剪力最终会受到结构附加刚度及附加阻尼比的影响，在合理的设计下，消能减震结构可同时取得较好的位移及地震剪力控制效果[20-21]。将式(3-5)除以式(3-6)可得剪刀比 μ_v

$$\mu_{\mathrm{v}}=\frac{V_2}{V_1}=\left(\frac{T_{\mathrm{g}}}{T}\right)^{(\gamma_{\mathrm{e}}-\gamma)}\cdot\frac{\eta_{2\mathrm{e}}}{\eta_2}\cdot(1+\mu_{\mathrm{m}})\cdot\left(\sqrt{\frac{1+\mu_{\mathrm{k}}}{1+\mu_{\mathrm{m}}}}\right)^{\gamma_{\mathrm{e}}} \tag{3-10}$$

将式(3-7)、式(3-8)代入式(3-10)并化简得

$$(\mu_{\mathrm{k}}+1)^{\left(\frac{0.27+2.2\zeta_{\mathrm{a}}}{0.6+6\zeta_{\mathrm{a}}}\right)}=\frac{T^{\left(\frac{-\zeta_{\mathrm{a}}}{0.6+6\zeta_{\mathrm{a}}}\right)}\cdot(0.16+1.6\zeta_{\mathrm{a}})\cdot\mu_{\mathrm{v}}}{T_{\mathrm{g}}^{\left(\frac{-\zeta_{\mathrm{a}}}{0.6+6\zeta_{\mathrm{a}}}\right)}\cdot(0.16+0.6\zeta_{\mathrm{a}})\cdot(1+\mu_{\mathrm{m}})^{\left(\frac{0.33+3.8\zeta_{\mathrm{a}}}{0.6+6\zeta_{\mathrm{a}}}\right)}} \tag{3-11}$$

式(3-11)即消能减震结构在特定目标地震剪力降低率下，所需的位移型阻尼器提供附加刚度或速度型阻尼器提供附加阻尼比的关系式，其中 μ_{v} 为消能减震结构地震剪力 V_2 与主体结构地震剪力 V_1 之比($\mu_{\mathrm{v}}=V_2/V_1$)，当刚度比 $\mu_{\mathrm{k}}=0$ 时，式(3-11)转化为速度型阻尼器减震结构在目标剪力降低率下的阻尼需求方程。

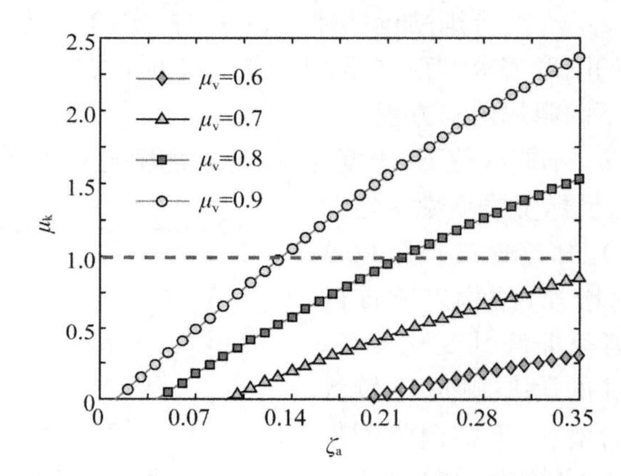

图 3-8　目标剪力降低率下附加阻尼比及附加刚度组合曲线

图 3-8 为剪力比 μ_{v} 在不同取值下，刚度比 μ_{k} 与附加阻尼比 ζ_a 间的组合关系曲线，从图中可以看出：当结构目标剪力降低率一定时(即剪力比 μ_{v} 确定时)，随着刚度比 μ_{k} 的增大，结构需要的附加阻尼比 ζ_a 相应增加；附加阻尼比一定时，结构剪力降低率随刚度比 μ_{k} 的增大而减小；当刚度比 μ_{k} 过大时(即位移型阻尼器为结构提供较大附加刚度时)，在考虑相关规范对消能减震结构附加阻尼比上限值的规定的情况下，无法通过速度型阻尼器提供的附加阻尼比使结构地震剪力降低。

参考文献

[1] 秋山宏. 基于能量平衡的建筑结构抗震设计[M]. 叶列平，裴星洙，译. 北京：清华大学出版社，2010.

[2] 张云浩，李波，严国虔，等. 基于能量平衡的基础隔震结构地震响应预测及优化设计法研究[J]. 振动与冲击，2021，40(17)：32-40.

[3] 赵光伟，裴星洙，周晓松. 基于能量平衡的建筑结构地震响应预测法基础研究[J].

工业建筑,2006，36(增刊):182-187.
[4] 鲍文博，于玄烨. 消能减震框架结构减震控制[J]. 沈阳工业大学学报，2018，40(3):340-344.
[5] 裴星洙,赵光伟,李鹏,等. 消能减震结构的损伤集中分布研究[J]. 工程力学,2007,24(增刊):123-128.
[6] 种迅,沙慧玲,解琳琳,等. 基于能量平衡的含减震外挂墙板钢筋混凝土框架结构的设计方法研究[J]. 工业建筑,2021,51(7):98-106.
[7] 闫颜，闫雁军. 基于性能的结构抗震设计[J]. 四川建筑，2009，29(3):144-145.
[8] 钱基宏，刘枫. 建筑结构抗震分析反应谱理论的直接算法[J]. 建筑科学，2003,19(4):1-3.
[9] 刘勇. 结构地震反应分析中的反应谱理论[J]. 山西建筑，2007，33(11):96-97.
[10] 常业军，苏毅，张富有，等. 工程结构采用粘弹性阻尼器的反应谱设计理论研究[J]. 振动与冲击,2007，26(3):5-7.
[11] 唐柏鉴，李亚明. 粘弹性消能支撑在网格屋盖结构上的应用研究[J]. 工程力学,2011，28(1):163-170.
[12] 孙广俊，李爱群. 安装黏滞阻尼消能支撑结构随机地震反应分析[J]. 振动与冲击,2009，28(10):117-121.
[13] 吴克川，陶忠，潘文，等. 基于性能的屈曲约束支撑与黏滞阻尼器组合减震结构设计方法[J]. 土木与环境工程学报(中英文)，2021，43(3):83-92.
[14] 陈忠海，文登，唐璐，等. 黏滞阻尼器结构设计与试验研究[J]. 铁道建筑，2014(6):40-42.
[15] 陈建兴,包联进,汪大绥. 乌鲁木齐绿地中心黏滞阻尼器结构设计[J]. 建筑结构,2017,47(8):54-58.
[16] 周云，韩宇娴，商城豪，等. 消能减震结构阻尼器有效刚度及结构等效阻尼比取值方法研究[J]. 建筑结构，2022，52(5):43-47.
[17] 吴明军. 高层钢筋混凝土框架结构自振周期估算的研究[J]. 工业建筑,2008,38(10):57-60.
[18] 黄华，叶艳霞，朱钦，等. 填充墙对框架结构自振周期的影响分析[J]. 工业建筑,2010，40(5):19-23.
[19] 彭果. 填充墙对多层 RC 框架结构自振周期的影响分析[D]. 成都:西南交通大学，2016.
[20] 朱立华，李钢，李宏男. 考虑结构损伤的消能减震结构能量设计方法[J]. 工程力学，2018，35(5):75-85.
[21] 刘文锋，李建峰. 消能减震结构设计的阻尼比研究[J]. 世界地震工程，2005，21(2):80-84.

第4章

消能减震结构抗震设计方法

位移型消能减震结构与速度型消能减震结构由于减震原理的不同，在抗震设计方法方面也有较大的差异。本章将分别对两类消能减震结构的设计流程、减震目标与性能目标的确定、阻尼器的选择，以及阻尼器参数的设计和选型等进行介绍。

4.1　位移型阻尼器减震结构设计方法

4.1.1　减震目标及性能目标

《建设工程抗震管理条例》（以下简称《条例》）于 2021 年 9 月 1 正式颁布实施，《条例》规定位于高烈度设防地区、地震重点监视防御区的新建学校、幼儿园、医院、养老机构、儿童福利机构、应急指挥中心、应急避难场所、广播电视等建筑应当按照国家有关规定采用隔震减震等技术，保证发生本区域设防地震时能够满足正常使用要求。

对于减震结构在设防地震作用下满足正常使用要求的理解，目前全国各地并不统一，表 4-1～表 4-3 罗列了国内减震技术主要应用省市对钢筋混凝土框架结构在各水准地震作用下的减震目标要求与主体结构的性能目标要求。

表 4-1　云南省地方标准《建筑消能减震应用技术规程》中的要求[1]

地震作用水准	层间位移角限值		耗能占比	
	Ⅰ类建筑	Ⅱ类建筑	Ⅰ类建筑	Ⅱ类建筑
多遇地震	1/605	1/620	—	—
设防地震	1/400	—	—	—
罕遇地震	1/100	1/100	25%	20%

注：表 4-1 中Ⅰ类建筑是指《建设工程抗震管理条例》中要求采用减隔震技术的建筑；Ⅱ类建筑是指除Ⅰ类建筑以外的建筑；“—”表示无具体规定。

表 4-2　北京市地方标准《建筑工程减隔震技术规程》中的要求[2]

地震作用水准	层间位移角限值		楼面水平加速度/g	
	Ⅰ类建筑	Ⅱ类建筑	Ⅰ类建筑	Ⅱ类建筑
多遇地震	1/550	1/550	—	—
设防地震	1/400	1/300	0.25	0.45
罕遇地震	1/150	1/100	0.45	—

注：表 4-2 中Ⅰ类建筑包括应急指挥中心建筑、医院主要建筑、应急避难场所建筑、广播电视建筑；Ⅱ类建筑包括学校建筑、幼儿园建筑、医院附属用房、养老机构建筑、儿童福利机构建筑 。

表 4-3　上海市地方标准《建筑消能减震及隔震技术标准》中的要求[3]

地震作用水准	层间位移角限值	楼面水平加速度/g	耗能占比
多遇地震	1/550	—	—
设防地震	1/250	—	—
罕遇地震	1/80	—	—

从表 4-1～表 4-3 中可以看出，不同地区消能减震结构的减震目标有较大差异，但都对不同水准地震作用下的层间位移角限值作出了规定，主要是控制非结构构件在地震作用下的损伤破坏程度。北京市地方标准《建筑工程减隔震技术规程》(DB11/ 2075—2022)同时还对结构的楼面水平加速度限值作出了规定，主要目的是保证结构在设防及罕遇地震作用下的正常使用。该规程在条文说明中对这一规定作出了解释说明，原文如下："由于地震时正常使用建筑的最大楼面水平加速度限值为客观值，标准基于国内多次地震的地震烈度划分标准：'0.1g——地震烈度Ⅶ度标准，人皆惊惶从室内逃出，驾驶汽车的人也有感觉，轻家具移动，书物用具掉落；0.2g——地震烈度Ⅷ度标准，人感到走路困难，家具移动，部分翻倒'。"按照《条例》中地震时正常使用的要求，《建筑工程减隔震技术规程》对建筑非结构构件、建筑附属机电设备和仪器设备等指标限值的取值参考了《建筑抗震韧性评价标准》(GB/T 38591)表 F.1 中损伤状态的中位值及标准差。值得说明的是，GB/T 38591 表 F.1 中存在 1 级损伤状态的，指标限值按照 1 级损伤状态的中位值确定；不存在 1 级损伤状态的，指标限值按照最严格标准取 84%保证率确定。按 GB/T 38591 确定的指标限值，在楼面水平加速度为 0.25g 时，基本能保证常用建筑附属机电设备的正常使用；楼面水平加速度为 0.45g 时，基本能保证抗震性能良好的常用建筑附属机电设备正常使用。DB11/2075—2022 还进一步结合中国地震局工程力学研究所对医疗建筑及设备的试验结果："楼面水平加速度为 0.25g 时，基本能保证建筑内设备和药品柜，以及内部药品的正常使用"，综合考虑地震烈度划分标准、建筑非结构构件、建筑附属机电设备和仪器设备正常使用限值要求，确定Ⅰ类建筑设防地震、罕遇地震时最大楼面水平加速度限值分别为 0.25g、0.45g；Ⅱ类建筑设防地震时最大楼面水平加速度限值为 0.45g。

云南省地方标准《建筑消能减震应用技术规程》(DBJ 53/T—125—2021)对消能减震结构中阻尼器在罕遇地震作用下所耗散地震能量占输入总能量的比值作出了规定，其目的是保证消能减震结构中阻尼器的数量不至过少，阻尼器过少会无法起到预期的消能减震效果，且可能会降低结构的抗震安全性。

表 4-4～表 4-6 总结了不同省市相关技术标准对消能减震主体结构及其相关构件性能目标的规定。从表中可以看出，不同地区消能减震结构的主体结构性能目标仍然有较大差异，但大都基于设防地震作用水准控制结构的损伤程度，从而保证结构在设防地震作用下功能不丧失，仍可继续正常使用。

表 4-4　云南省地方标准《建筑消能减震应用技术规程》中对主体结构的性能目标要求

构件类型	项目	性能目标	设计方法
主体结构	多遇地震	全楼完全弹性	工况组合采用考虑各种系数的设计组合，材料强度采用设计值
	设防地震	不屈服	按云南省《建筑消能减震应用技术规程》(DBJ 53/T—125—2021)第 5.3.8～5.3.13 条的相关规定设计，地震作用采用标准值，材料强度采用标准值

续表

构件类型	项目	性能目标	设计方法
消能部件	阻尼器支撑	大震弹性	以消能器极限位移对应的阻尼力作用于支撑构件，进行相关的设计，材料强度采用设计值
	周围子框架	大震不超过极限承载力	以大震下构件的弹性内力进行配筋，材料强度采用极限值

表 4-5　上海市地方标准《建筑抗震设计标准》中对消能减震构件的性能目标要求

构件类别		主要构件	次要构件
构件说明		减震子结构梁、柱；普通框架柱	普通框架梁
多遇地震	损伤等级	完好	完好
	正截面斜截面	弹性设计	弹性设计
设防地震	损伤等级	基本完好	轻微损伤
	正截面	不屈服设计	极限承载力变形检验
	斜截面	弹性设计	极限承载力变形检验
罕遇地震	损伤等级	轻微损伤	中等损伤
	正截面	极限承载力变形检验	变形检验
	斜截面	不屈服变形检验	最小截面设计

表 4-6　上海市地方标准《建筑消能减震及隔震技术标准》中对消能减震主体结构的性能目标要求

名称	项目	性能目标	设计方法
主体结构	多遇地震	全楼完全弹性	工况组合采用考虑各种系数的设计组合，材料强度采用设计值
	设防地震	轻微损伤	控制设防地震作用下结构的层间位移角不超过 1/250
消能部件	消能器悬臂墙	大震弹性	根据大震下构件的弹性内力进行截面设计和稳定性验算，材料强度采用设计值
	周围框架及节点	中震不屈服	根据中震下构件的弹性内力进行配筋，荷载组合采用标准组合，材料强度采用标准值

4.1.2　主体结构附加刚度及附加阻尼比需求

位移型阻尼器既可为结构提供附加刚度，减小结构的变形，又可为结构提供附加阻尼比，增加结构的耗能能力。因此，在位移型阻尼器减震结构设计过程中，需首先依据预期的水平地震力、结构位移控制要求以及结构耗能参数等，估算出结构所需的附加刚度与附加阻尼需求，具体可根据第 3 章中的理论计算公式进行初步计算，并据此选择合适类型的

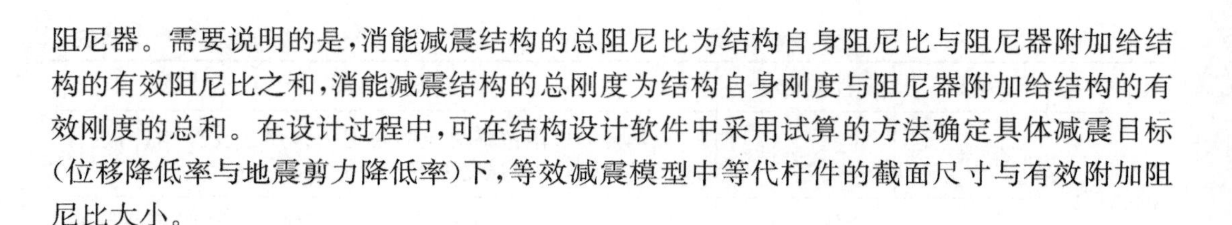

阻尼器。需要说明的是，消能减震结构的总阻尼比为结构自身阻尼比与阻尼器附加给结构的有效阻尼比之和，消能减震结构的总刚度为结构自身刚度与阻尼器附加给结构的有效刚度的总和。在设计过程中，可在结构设计软件中采用试算的方法确定具体减震目标(位移降低率与地震剪力降低率)下，等效减震模型中等代杆件的截面尺寸与有效附加阻尼比大小。

4.1.3 阻尼器型式、布置位置与数量

阻尼器的布置形式可根据阻尼器的类型并考虑建筑的使用功能和要求进行确定。通常，同类型阻尼器采用不同连接布置方式时，其消能减震效果也有所不同[4]。确定阻尼器在结构中的布置型式时应考虑尽量减小其对建筑功能的影响，实际工程中屈曲约束支撑与主体结构间的连接方式通常有焊接连接、螺栓连接以及销轴连接，如图 4-1 所示[5]。金属剪切阻尼器和摩擦阻尼器与结构的连接方式通常有支撑式连接以及墙式连接，如图 4-2(a)、(b)所示[5]。总体上，支撑式连接对建筑立面以及建筑功能的影响更大，而墙式连接除成本更为低廉外，其所占用的空间位置也较小，因此对建筑功能的影响更为可控，在实际工程中的应用也更为广泛[6-8]。此外，墙式连接阻尼器还有避开门洞的布置方式，如图 4-2(c)所示，该布置方式将阻尼器及其连接部件置于门洞边的隔墙内，这样既不会影响建筑的正常使用功能，也不会改变建筑原有的立面洞口布置。

阻尼器通常宜按结构两个主轴方向进行布置，并宜设置在结构相对变形较大的部位，其数量和分布应根据结构的减震目标进行合理确定，从而为结构提供满足设计要求的附加阻尼和附加刚度，并使阻尼器在地震作用下具有良好的消能能力。消能器在楼层平面内的布置应遵循“均匀、分散、对称、周边”的原则。应尽量考虑在不影响建筑功能的前提下，将阻尼器布置在便于检查、维修和更换的位置[9-10]。需要注意的是，结构中某一楼层的阻尼器数量设置不宜过多，当某一楼层所需阻尼器过多时，可将其布置在临近楼层中层间位移较大的楼层。已有的研究成果表明[11-13]：阻尼器对其上部临近几层的减震效果要好于下部几层，通过该方法确定阻尼器的布置位置能有效地提高阻尼器的耗能减震效果，同时阻尼器在竖直方向应尽量沿楼层连续布置。

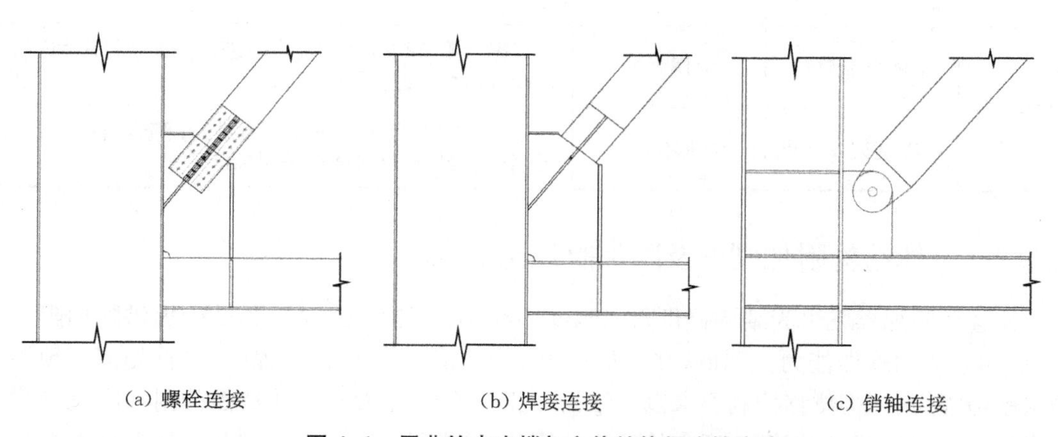

(a) 螺栓连接　　(b) 焊接连接　　(c) 销轴连接

图 4-1　屈曲约束支撑与主体结构间连接方式

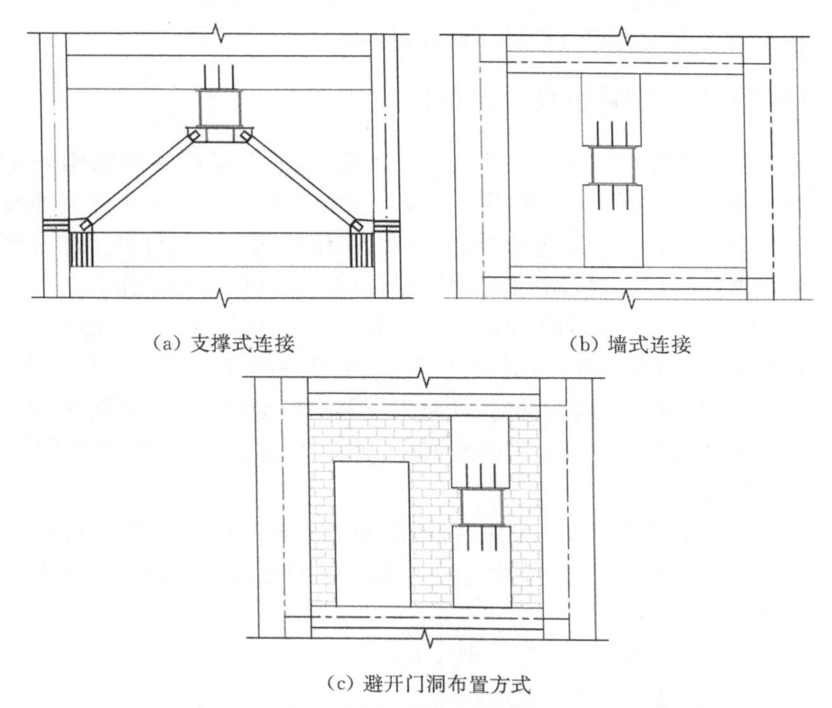
(a) 支撑式连接

(b) 墙式连接

(c) 避开门洞布置方式

图 4-2 金属阻尼器/摩擦阻尼器与主体结构间连接方式

4.1.4 阻尼器参数设计

实际工程中通常采用 PKPM 或 YJK 软件进行消能减震结构的施工图设计，因此，模型中阻尼器的模拟对设计结果至关重要，目前应用较为广泛的设计方法为等效线性化方法[14-15]。其主要思想是在软件中用一对等代钢杆或单斜杆来模拟阻尼器，在进行消能减震设计时，确保阻尼器与实际连接部件串联的刚度与 PKPM 或 YJK 计算模型中的等代支撑刚度相等。阻尼器参数估算方法具体如下[16-18]：

(1) 根据 PKPM 或 YJK 软件中附加刚度与附加阻尼比的需求确定等代钢支撑大小及截面形式，设其截面面积为 A_1；

(2) 计算等代钢支撑刚度 $K_1=EA_1\cos^2\theta/L_1$（E 为钢材的弹性模量，L_1 为等代钢支撑的长度，θ 为等代钢支撑与水平方向的夹角）；

(3) 选取实际支撑的截面尺寸，保证支撑在罕遇地震作用下具有足够的刚度和稳定性，且保持弹性工作状态，得到实际支撑截面面积 A_2；

(4) 计算实际支撑的刚度 $K_2=EA_2/L_2$（L_2 为实际支撑长度）；

(5) 计算一对实际支撑的水平刚度 $K_3=2K_2\cos\alpha$（α 为实际支撑与水平方向的夹角）；

(6) 假定阻尼器的有效刚度为 K_4，由于连接部件与阻尼器组成系统的串联刚度为(即 PKPM 或 YJK 中等代钢支撑的水平刚度)，满足关系式 $1/K_1=1/K_3+1/K_4$，则阻器的有效刚度为 $K_4=1/(1/K_1-1/K_3)$；

(7) 选取阻尼器的相关参数，在多遇地震时程分析中使得 $K_4=Q_a/\Delta c_a$（Q_a 为阻的实际阻尼力，Δc_a 为阻尼器的实际变形），并通过时程分析验算结构的层间位移角剪力和附加阻尼比是否达到设计的减震性能目标。

4.1.5 位移型阻尼器附加有效阻尼比

《建筑抗震设计规范》[19]（GB 50011—2010）规定，消能减震主体结构处于弹性阶段时，可采用等效线性方法计算地震作用。我国的工程结构多采用基于多遇地震作用下结构保持弹性工作状态的设计方法进行设计，因此，采用快速便捷的计算方法合理确定消能减震结构中阻尼器的附加有效阻尼比是消能减震结构设计的关键工作。

振型分解反应谱法[20-21]是目前各国主要采用的地震响应计算方法。由于阻尼器在地震作用下表现出较强的非线性性能，阻尼器刚度也会随结构的变形产生变化，因此，采用振型分解反应谱法进行消能减震结构设计时，须将阻尼器附加给结构的有效阻尼及有效刚度进行等效线性化处理，以使等效线性方程的地震响应解逼近原非线性方程的地震响应解。

1. 线性化等效法[22]

文献[22]通过采用线性等效化方法，将消能部件等效为框架柱，同时将阻尼器的非线性行为等效转化后计算得到阻尼器附加给主体结构的阻尼比。该方法基于 FEMA356[23] 规范提出，其具体计算步骤为：

（1）计算第 i 个阻尼器的初始等效刚度 K_{Di}。

（2）设定消能减震结构的初始阻尼比 ζ_{e0}。

（3）利用等效刚度原理，将阻尼器等效替换为框架柱，得到消能减震结构等效模型。

（4）将设定的初始阻尼比 ζ_{e0} 代入步骤（3）得到的等效模型进行结构分析，得到各楼层的层间剪力 F_j、层间位移 u_j 及各代框架柱剪力 F_{ei} 和相对位移 Δ_{ei}。

（5）根据步骤（4）计算得到的等效模型层间剪力 F_j 及层间位移 u_j，按照式（4-1）计算结构的总变形能 W_s：

$$W_s = (1/2)\sum_{j=1}^{n} F_j u_j \tag{4-1}$$

n 为结构的楼层总数。

）根据能量等效原则，如图 4-3 所示，根据等效框架柱剪力 F_{ei} 和相对位移 Δ_{ei} 计算
l尼器的实际阻尼力 F_{Di} 及位移 Δ_i，图 4-3 中 A 点为消能器屈服点，对应的 F_{yi}
分别为第 i 个阻尼器的屈服力及屈服位移。

算图 4-3 中四边形 $OACD$ 的面积，即阻尼器所耗散的能量。

4-3 中 OC 段的斜率作为阻尼器修正后的等效刚度 K_{ei} 并按照式（4-2）计算
总阻尼比：

$$\zeta_e = \zeta_d + \zeta = W_c/(4\pi W_s) + \zeta_d \tag{4-2}$$

加给结构的阻尼比；ζ 为消能减震主体结构自身的阻尼比；W_c 表示阻

算所得阻尼器修正后的等效刚度及结构等效总阻尼比作为初始
）的计算过程，直至迭代计算至步骤（2）采用的结构等效总阻尼
阻尼比相等。

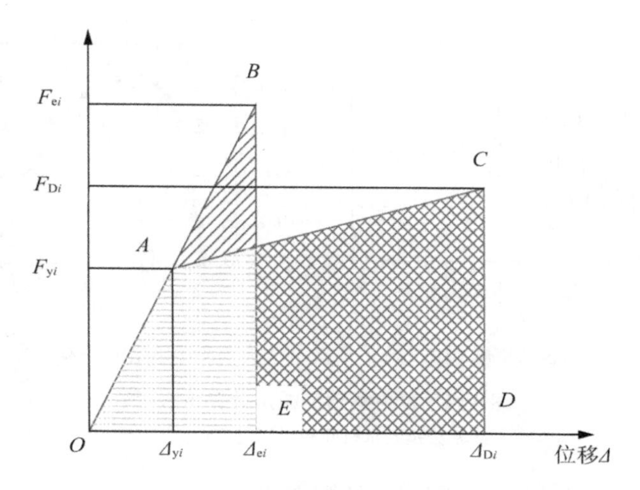

图 4-3 能量等效示意图[22]

该方法通过线性化等效及线性化迭代计算，可将阻尼器的非线性性能线性化，同时利用刚度等效原则，用框架柱代替阻尼器，从而使消能减震结构分析过程中无须设置阻尼器。但该方法须不断修正阻尼器刚度及消能减震结构等效阻尼比，进而反复迭代计算出结构最终的等效总阻尼比，迭代计算过程较为烦琐，不利于广大工程设计人员快速掌握。

2. 自由振动衰减法[24]

文献[24]根据自由振动衰减理论，将消能减震结构顶点的自由振动衰减看作单自由度体系的振动，并按照式(4-3)计算阻尼器附加给结构的有效阻尼比 ζ_d。

$$\zeta_d=\frac{\delta_m}{2\pi m(\omega/\omega_D)}\approx\frac{\delta_m}{2\pi m} \tag{4-3}$$

式中：$\delta_m=\ln(s_n/s_{n+m})$，$s_n$ 和 s_{n+m} 分别为单自由度体系第 n 和第 $n+m$ 周振幅；m 为两振幅间相隔周期数；ω 和 ω_D 分别为无阻尼体系和有阻尼体系的自振频率。

该方法的具体计算过程为：

(1) 假定消能减震主体结构自身的阻尼比为 0，对该结构施加一瞬时激励，并考虑阻尼器的非线性性能，得到结构顶点位移自由振动衰减曲线[图 4-4(a)]；

(2) 按照式(4-3)计算结构不同顶点位移时的阻尼比[图 4-4(b)]；

(3) 根据结构顶点在地震作用下的变形，结合图 4-4(b)估算结构的阻尼比，所得阻尼比即阻尼器附加给结构的有效阻尼比。

该方法简单方便，适合用编程实现，但尚存在以下问题：

(1) 该计算方法计算的附加有效阻尼比与所施加瞬时激励的大小有关，不同大小外荷载激励下所得结果可能有所不同；

(2) 该计算方法计算的附加有效阻尼比与所取自由振动衰减周期数有关，不同衰减周期数对应的结果可能有所不同。

因此，利用该方法计算阻尼器附加给结构的有效阻尼比时，须选择合适大小的瞬时激励及合适的自由振动衰减周期数。

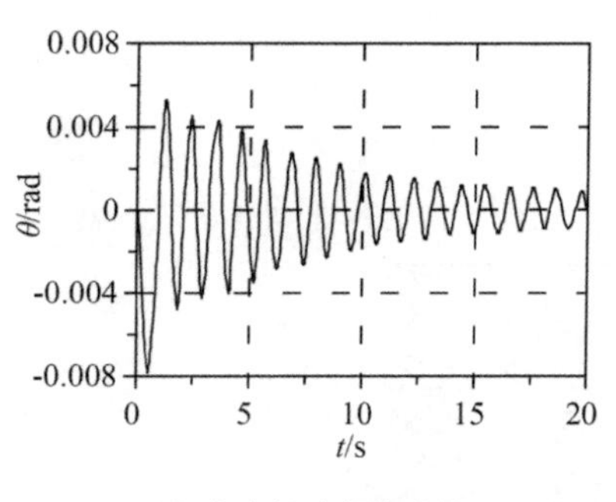

(a) 自由振动衰减时程

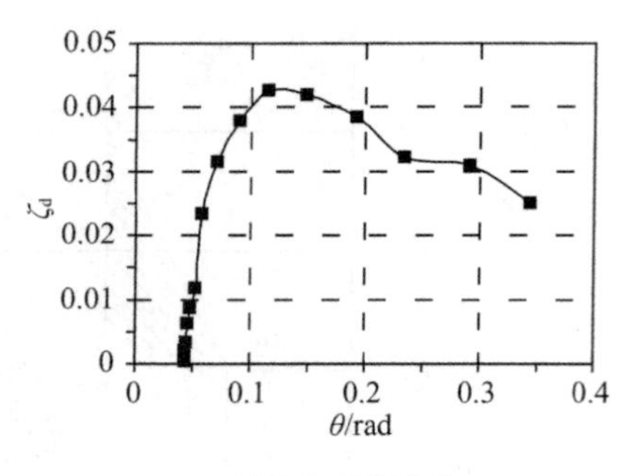

(b) 阻尼比-振幅曲线

图 4-4 自由振动衰减法计算示意[24]

注：t，θ 分别表示时间和层间位移角。

3. 基于实际地震记录的附加阻尼比计算方法

《建筑抗震设计规范》(GB 50011—2010)规定，阻尼器附加给结构的有效刚度可采用等价线性化方法确定，附加有效阻尼比 ζ_d 可按式(4-4)计算：

$$\zeta_d = \sum_{j=1}^{n} W_{cj} / 4\pi W_s \tag{4-4}$$

式中：ζ_d为消能减震结构的附加有效阻尼比；W_{cj}为第 j 个消能器在结构预期层间位移下往复循环一周所耗散的能量；W_s为消能减震结构在水平地震作用下的总应变能。

不考虑结构扭转影响时，消能减震结构在水平地震作用下的总应变能可按式(4-5)计算：

$$W_s = \sum F_i u_i / 2 \tag{4-5}$$

式中：F_i为质点 i 的水平地震作用标准值；u_i为质点 i 对应于水平地震作用标准值的位移。

根据以上附加有效阻尼比计算方法，基于实际地震记录计算消能减震结构附加有效阻尼比的具体步骤为：

(1) 建立消能减震结构有限元分析模型，在模型中计入阻尼器的非线性性能；

(2) 选取合适的地震波，对步骤(1)中所建立的有限元模型进行多遇地震作用下的时程分析；

(3) 根据步骤(2)计算出消能减震结构各楼层最大水平地震作用标准值 F_i 及最大层间位移 u_i，并绘制第 j 个消能器的滞回曲线(图 4-5)；

(4) 将各楼层最大水平地震作用标准值 F_i 及最大层间位移 u_i 代入式(4-5)计算消能减震结构的总应变能 W_s，并计算出步骤(3)得到的阻尼器的滞回曲线最外圈所包围的面积，即阻尼器所耗散能量 W_{cj}。

(5) 将步骤(4)中计算得到的消能减震结构总应变能 W_s及各阻尼器耗散能量 W_{cj} 之和代入式(4-4)，可得到阻尼器附加给结构的有效阻尼比 ζ_d；

(6) 比较步骤(5)计算得到的附加有效阻尼比 ζ_d是否满足设定的目标，即 $\zeta_d = \zeta_0$，如满足，则将 ζ_d作为消能器附加给结构的有效阻尼比，如不满足，则重新设置消能器数量及位置，重复步骤(1)～(6)，直至计算附加有效阻尼比 ζ_d 满足设定的目标。

值得说明的是，采用此方法计算得到的附加有效阻尼比对所选用地震波的频谱特性有一定的敏感性，现行国家标准《建筑抗震设计规范》(GB 50011—2010)规定，小样本容量下(2 条实际地震波，1 条人工合成地震波)及大样本容量下(5 条实际地震波，2 条人工合成地震波)计算得到的地震作用效应若满足“在统计意义上相符”的要求，则不同地震波输入情况下的计算结果不会偏差太大。选用 3 条地震波时，为了使设计出的结构更为安全，可利用地震反应的包络值计算阻尼器的附加有效阻尼比；选用 7 条地震波时，计算结果具有更高的保证率，可采用地震反应的平均值计算阻尼器的附加有效阻尼比。

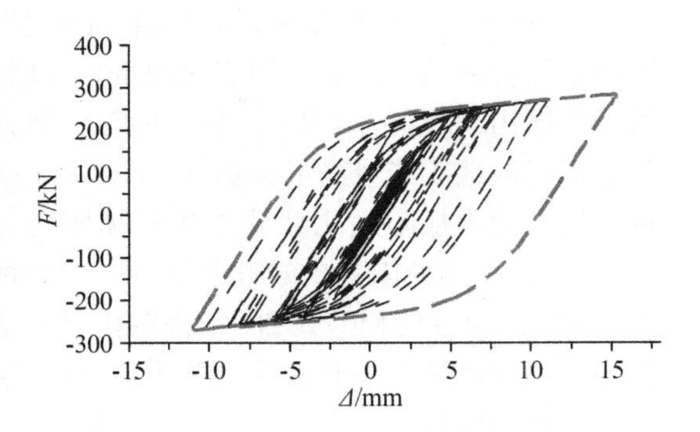

图 4-5 阻尼器滞回曲线

注：Δ、F 分别表示阻尼器位移和出力。

基于实际地震记录的附加阻尼比计算方法实质为一种包络计算法，由于在计算过程中水平地震作用标准值 F_i 及层间位移 u_i 均取最大值，阻尼器耗散的能量 W_{cj} 取值为滞回曲线最外一圈包围的面积，因此该方法的计算结果有可能偏于保守，从而使设计的结构更为安全。而在地震作用下，阻尼器附加给结构的有效阻尼比是时变阻尼，具有时变性，对应于地震波各个时刻点的附加有效阻尼比均为时变参数，则阻尼器附加给结构的有效阻尼可按式(4-6)计算：

$$\zeta_d(t)=\sum_{j=1}^{n}W_{cj}(t)/4\pi W_s(t) \tag{4-6}$$

式中：$\zeta_d(t)$为消能减震结构 t 时刻的附加有效阻尼比；$W_{cj}(t)$为第 j 个阻尼器在 t 时刻所耗散的能量；$W_s(t)$为消能减震结构在 t 时刻的总应变能。

不考虑结构扭转影响时，消能减震结构在 t 时刻的总应变能可按式(4-7)计算：

$$W_s(t)=\sum F_i(t)u_i(t)/2 \tag{4-7}$$

式中：$F_i(t)$为质点 i 在 t 时刻的水平地震作用标准值；$u_i(t)$为质点 i 在 t 时刻的位移。

第 j 个阻尼器在 t 时刻所耗散的能量 $W_{cj}(t)$采用等效面积法按式(4-8)计算：

$$W_{cj}(t)=\begin{cases}4F_{yj}(\Delta_j(t)-\Delta_{yj}) & \Delta_j(t)>\Delta_{yj}\\ 0 & \Delta_j(t)\leqslant\Delta_{yj}\end{cases} \tag{4-8}$$

式中：F_{yi} 为第 j 个阻尼器的屈服荷载；Δ_{yj} 为第 j 个阻尼器的屈服位移；$\Delta_j(t)$为第 j 个阻尼器在 t 时刻的位移。

图 4-7 为消能减震结构单自由度体系(图 4-6)在实际地震波作用下的总应变能、阻尼器耗能及结构附加有效阻尼比随时间的变化曲线，选用的地震波时程曲线的频谱特性如图 4-8 所示。

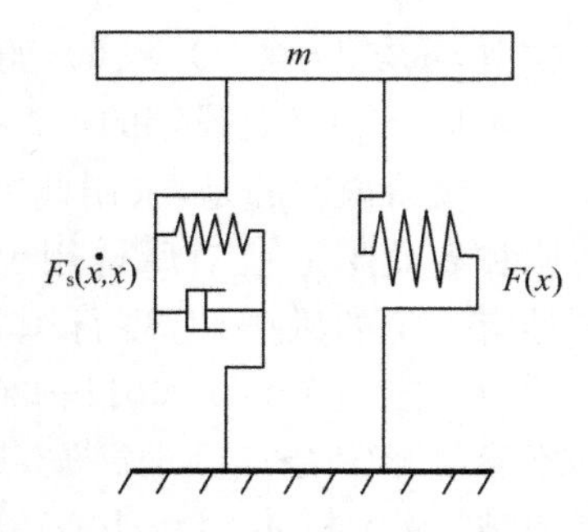

图 4-6 消能减震结构附加阻尼比计算模型

从图 4-7(a)中可以看出，在实际地震波激励下，阻尼器附加给结构的阻尼比随时间变化而变化，在结构不同的振动时刻多次出现峰值，结构的总应变能最大值为 9.06 kN·m，阻尼器耗散地震能量的最大值为 5.23 kN·m，按基于实际地震记录的附加阻尼比计算方法计算所得的附加阻尼比为 4.59%，附加有效阻尼比时程曲线各个时刻的阻尼比平均值为 4.82%，两者仅相差 0.23%，说明按基于实际地震记录的附加阻尼比计算方法计算所得附加阻尼比结果与时程结果平均值较为接近。

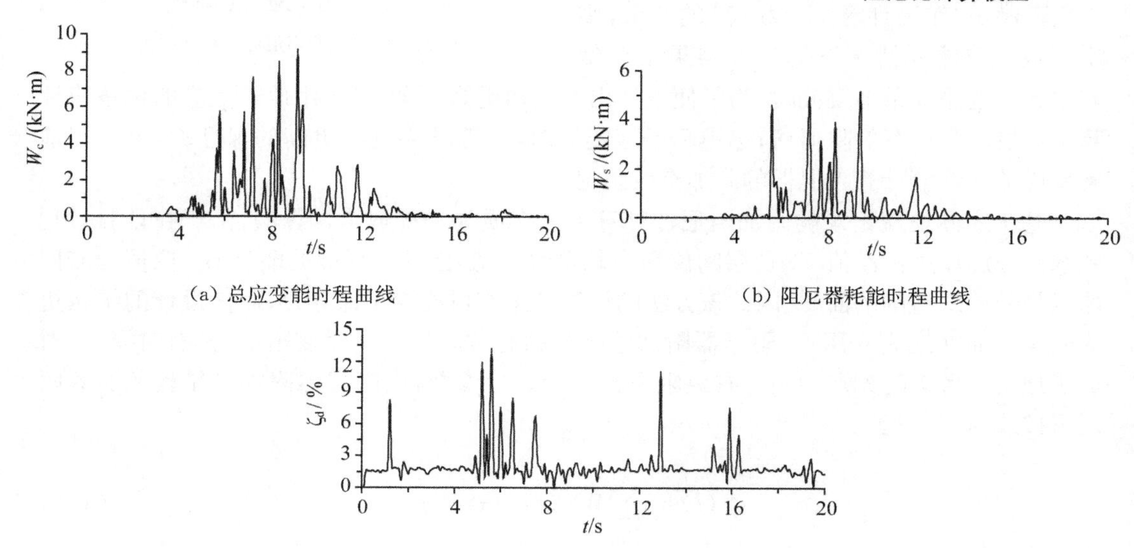

(a) 总应变能时程曲线

(b) 阻尼器耗能时程曲线

(c) 附加有效阻尼比时程曲线

图 4-7 消能减震结构总应变能、阻尼器耗能、附加有效阻尼比时程曲线

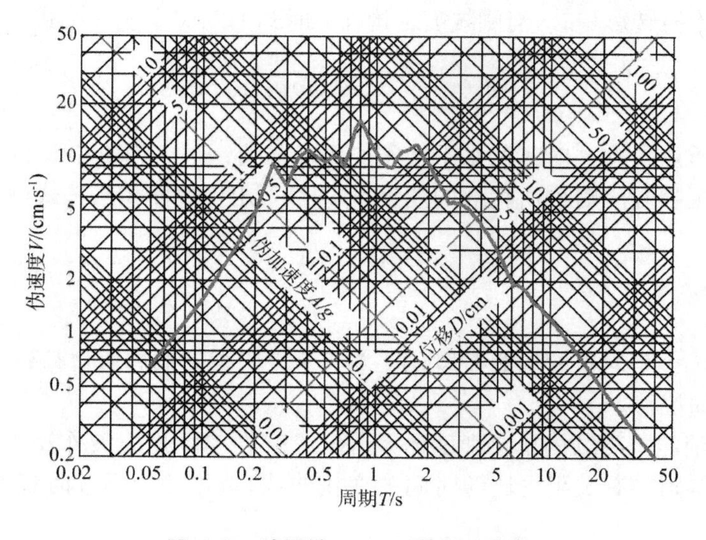

图 4-8 地震波 D-V-A 联合反应谱

4.1.6　位移型阻尼器减震结构设计流程[16-18]

基于上述位移型阻尼器减震性能目标、主体结构附加刚度及附加阻尼比需求确定方法、阻尼器数量确定及布置原则，以及阻尼器选型与参数设计方法，总结得到位移型阻尼器减震结构的设计流程如图 4-9 所示。在进行消能减震结构设计时，可根据图 4-9 中的设计步骤，并采用前文给出的结构性能指标及参数确定方法，完成消能减震结构的抗震设计。设计流程主要包括主体结构的常规设计以及结构减震性能验算分析两部分。

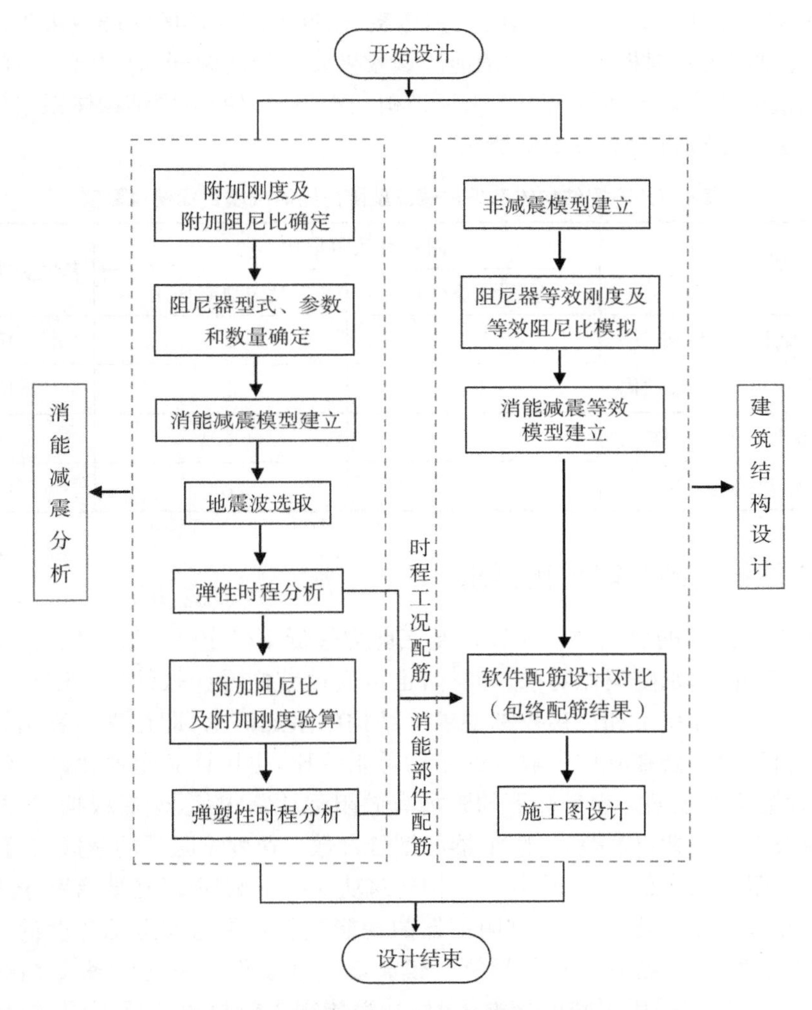

图 4-9　位移型阻尼器减震结构设计流程

4.2 速度型阻尼器减震结构设计方法

4.2.1 减震目标及性能目标

速度型阻尼器仅为结构提供附加阻尼比,并不会改变结构的刚度组成及动力特性。因此,速度型阻尼器减震结构的减震目标通常设置为结构最大层间位移角与底部剪力在一定程范围内的减小幅度。主体结构的性能目标与前述位移型阻尼器减震结构一致,具体可参看本书 4.1.1 节。对于不同的结构体系,速度型阻尼器的减震效果不尽相同。总体来说,速度型阻尼器对框架结构的消能减震效果要好于框架-剪力墙结构,而对框架-剪力墙结构的消能减震效果要好于纯剪力墙结构。本书建议的不同结构体系采用速度型阻尼器时基底剪力减震目标如表 4-7 所示。

表 4-7 不同结构体系采用速度型阻尼器时减震目标建议取值

结构体系类型	附加有效阻尼比/%		基底剪力降低率/%
	多遇地震作用	设防地震作用	
钢筋混凝土框架结构	5.0	3.0	15～20
钢筋混凝土框架-剪力墙结构	3.0	2.0	10～15
钢筋混凝土剪力墙结构	2.0	1.0	5～8
钢框架结构	5.0	4.0	15～20

4.2.2 主体结构附加阻尼比需求

当主体结构预期的层间位移及预期基底剪力降低率确定后,便可通过前文所述方法初步计算出结构的附加阻尼比需求。同样,也可通过结构设计软件采用试算法[25-27]确定相应预期水平地震作用下和位移控制要求下结构的阻尼需求,即首先估算出结构能够达到预期减震目标时需要在软件中输入的结构总阻尼比,再用该总阻尼比减去结构自身的阻尼比,得到结构在预期减震目标下的附加有效阻尼比需求值,然后根据减震布置方案、阻尼器数量及布置位置,确定所需阻尼器的型号参数。速度型阻尼的减震布置方案、布置位置与位移型阻尼器类似,要考虑其对结构建筑功能的影响程度,还要有利于充分发挥阻尼器的消能减震功能。此外,速度型阻尼器的耗能减震效果与其运动速度的大小密切相关[28],通常建议将其布置在结构层间位移较大以及地震作用下运动速度相对较大的部位[29]。速度型阻尼器采用不同连接方式时,其消能减震效果也有所不同,常见的连接方式有墙式连接和支撑式连接[30],如图 4-10 所示。

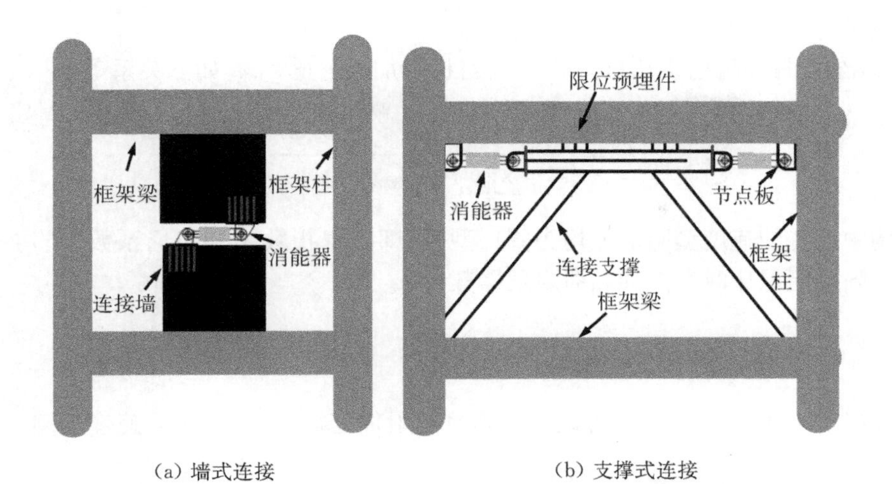

(a) 墙式连接　　(b) 支撑式连接

图 4-10　速度型阻尼器与主体结构间的连接方式

4.2.3　阻尼器参数设计

阻尼系数 C_j 与阻尼指数 α 是对速度型阻尼器消能减震效果影响最大的两个参数，两者共同决定着阻尼器的耗能性能。已有研究成果表明[31-33]，对于非线性黏滞阻尼器（$\alpha<1$），可基于能量法建立附加有效阻尼比的计算公式，即将阻尼器在一个往复运动周期内耗散的能量用其所做的功代替，当采用简谐荷载作为激励荷载时，阻尼器做的功（耗散能量）为

$$\sum_j W_{cj}=\sum_j \lambda_j C_j \omega^{\alpha} u_j^{1+\alpha} \tag{4-9}$$

式中，u_j 为结构顶点位移；ω 为结构自振圆频率；α 为阻尼指数；λ_j 为第 j 个阻尼器的阻尼指数函数。λ_j 的计算公式为

$$\lambda_j=2^{2+\alpha}\frac{\Gamma^2(1+\alpha/2)}{\Gamma(2+\alpha)} \tag{4-10}$$

式中，Γ 为伽马函数，当仅考虑结构的一阶振型时，消能减震结构的弹性变性能 W_s 为

$$W_s=\frac{1}{2}=(\omega U)^2\sum_i m_i\phi_i^2 \tag{4-11}$$

式中：U 为结构顶点最大位移；m_i 为结构第 i 层质量；ϕ_i 为第 i 楼层第 1 阶模态的正则化位移。

由式(4-9)、(4-10)、(4-11)可得[34]

$$\zeta_d=\frac{\sum_j \lambda_j C_j(\phi_{rj}\cos\theta_j)1+\alpha}{2\pi U^{1-\alpha}\omega^{2-\alpha}\sum_i m_i\phi_i^2} \tag{4-12}$$

式中：ζ_d 为附加阻尼比，ϕ_{rj} 为第 1 阶振型第 j 个阻尼器两端的相对水平位移；θ_j 为第 j

个阻尼器的布置角度。

因此，结构附加阻尼系数总需求 C 与目标附加阻尼比 ζ_d 有如下关系[35]：

$$C=\sum_{i=1}^{n_c}\frac{2\pi\zeta_d U^{1-\alpha}\omega^{2-\alpha}\sum m_i\phi_i^{\ 2}}{\sum\lambda_j(\phi_{rj}\cos\theta_j)1+\alpha} \tag{4-13}$$

假定结构中设置的速度型阻尼器均为同一型号，即阻尼指数 α 和阻尼系数 C_j 均相同，则达到目标附加阻尼比时所需的黏滞阻尼器数量 n_c 为

$$n_c=\frac{C}{C_j} \tag{4-14}$$

由式(4-13)及式(4-14)即可确定达到目标附加阻尼比 ζ_d 时所需速度型阻尼器的数量及型号。

4.2.4 速度型阻尼器减震结构设计流程[16-18]

根据上述设计原则及设计方法，总结速度型阻尼器减震结构的实用设计流程，如图 4-11 所示。设计人员通过修改结构的总阻尼比模拟速度型阻尼器提供的附加阻尼比，反复试算后确定达到位移减震目标及基底剪力降低目标时的附加阻尼比值，并按 4.2.3 节中的方法确定阻尼器的数量及参数，阻尼器在楼层平面内的布置应尽量满足“均匀、分散、对称、周边”的原则[36]，尽可能将阻尼器布置在对建筑功能影响较小，且便于检查、维修和

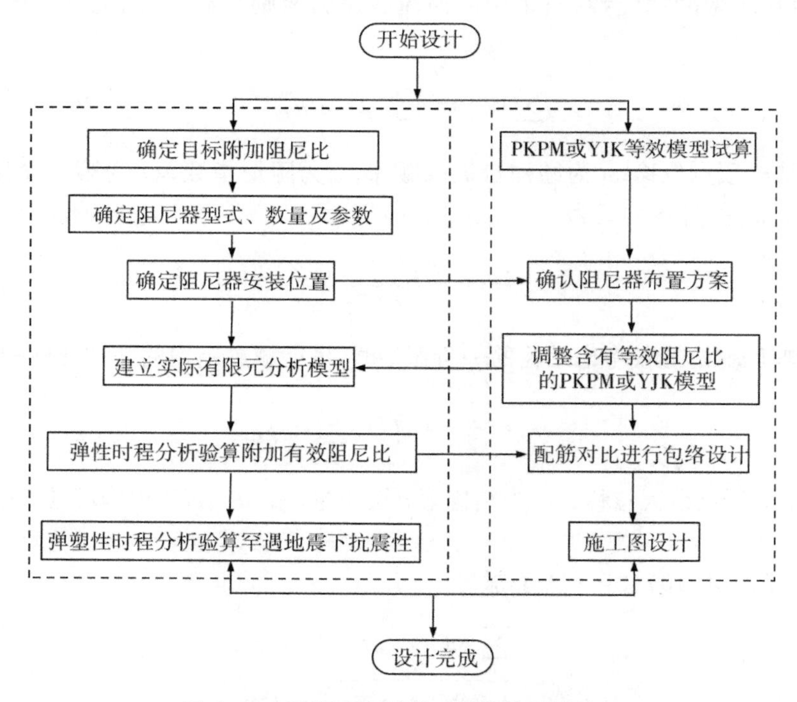

图 4-11 速度型阻尼器减震结构设计流程

更换的位置。然后基于 PKPM 或 YJK 等效模型，建立包含阻尼器的实际有限元模型，通过时程分析验算附加阻尼比是否满足要求，并将时程工况下结构的平均地震剪力与 PKPM 或 YJK 计算地震剪力进行对比，按两者的包络结果进行结构配筋设计，最后完成罕遇地震作用下结构的抗震性能验算及消能部件的设计。

参考文献

[1] 昆明理工大学，震安科技股份公司，云南省设计院集团有限公司. 建筑消能减震应用技术规程：DBJ 53/T—125—2021[S]. 昆明：云南科技出版社，2021.

[2] 北京市规划和自然资源委员会，北京市市场监督管理局. 建筑工程减隔震技术规程：DB 11/ 2075—2022[S]. 北京：[出版者不详]，2022.

[3] 上海市住房和城乡建设管理委员会. 建筑消能减震及隔震技术标准：DGTJ—08—2326—2020[S]. 上海：同济大学出版社，2020.

[4] 赵杰，周同玲，王桂萱. 软钢阻尼器不同优化布置方法在框架结构中的应用[J]. 工程抗震与加固改造，2017，39(3)：79-85.

[5] 上海赛弗工程减震技术有限公司. 建筑消能减震结构设计指南[EB/OL]. (2020-01-22)[2024-01-20]. https://www.renrendoc.com/p-43629981.html.

[6] 孙洪鑫，邓军军，王修勇，等. 电磁惯质阻尼器在结构中位置优化以及减震分析[J]. 地震工程与工程振动，2019，39(2)：69-78.

[7] 陈永祁，马良喆. 液体黏滞阻尼器应用现状及改进其适用性耐久性的措施方法[J]. 工程抗震与加固改造，2022，44(3)：97-106.

[8] 何志明，周云，陈清祥. 剪切钢板阻尼器研究与应用进展[J]. 地震工程与工程振动，2012，32(6)：124-135.

[9] 朱丽华，于安琪，李红庆. 考虑弯剪变形的黏滞阻尼器布置机构位移放大系数计算[J]. 应用力学学报，2020，37(4)：1689-1695.

[10] 汪志昊，陈政清. 高层建筑结构中黏滞阻尼器的新型安装方式[J]. 世界地震工程，2010，26(4)：135-140.

[11] 兰炳稷，何浩祥，王宝顺. 局部肘节消能装置的减振机制分析及其优化控制[J]. 建筑结构学报，2022，43(7)：32-43.

[12] 朱丽华，王健，于安琪，等. 基于建筑需求的新型黏滞阻尼器开敞式布置机构研究[J]. 工程力学，2019，36(8)：210-216.

[13] 李宏男，董松员，李宏宇. 基于遗传算法优化阻尼器空间位置的结构振动控制[J]. 振动与冲击，2006，25(2)：1-4.

[14] 裴星洙，贺方倩. 基于等效线性化理论的消能减震结构附加金属阻尼确定方法[J]. 工程抗震与加固改造，2012，34(3)：97-102.

[15] 高永林，陶忠，叶燎原，等. 基于等效线性化方法的软钢阻尼器结构设计方法[J]. 昆明理工大学学报(自然科学版)，2016，41(2)：45-52.

[16] 云南省住房和城乡建设厅. 云南省建筑消能减震设计与审查技术导则(试行)[EB/

OL]. (2019-03-11)[2024-02-14]. https://www. ydi. cn/view/cnpc/22/67/view/1437. html.

[17] 上海蓝科建筑减震科技有限公司. TJ 屈曲约束支撑设计手册(第四版)[EB/OL]. (2010-01-18) [2023-12-20]. https://www. docin. com/p-42032358. html.

[18] 刘萌. 消能减震结构设计导则制定[D]. 昆明:昆明理工大学,2016.

[19] 中华人民共和国建设部,国家质量监督检验检疫总局. 建筑抗震设计规范:GB 50011—2010[S]. 北京:中国建筑工业出版社,2010.

[20] 崔峰,蒋永生,刘文锋. 对耗能减震结构强振型分解反应谱法的统计分析[J]. 工程抗震,2002(3):16-20.

[21] 党育,田宏图. 隔震结构实振型分解反应谱法的计算精度分析及改进[J]. 建筑结构,2019,49(16):120-126.

[22] 王奇,干钢. 基于线性化等效方法的消能减震结构有效附加阻尼比计算[J]. 建筑结构学报, 2012,33(11):46-52.

[23] Morelli U, McLane T R. FEMA356 - 2000 Prestandard and commentary for the seismic rehabilitation of buildings [S]. Washington, D. C: Federal Emergency Management Agency, 2000.

[24] 巫振弘,薛彦涛,王翠坤,等. 多遇地震作用下消能减震结构附加阻尼比计算方法[J]. 建筑结构学报,2013, 34(12):19-25.

[25] 周畅,潘文,张智吉,等. 云南某康复中心减震设计分析[J]. 工业安全与环保,2022, 48(11):33-37.

[26] 万墨罕,丁新海,温良剑,等. 菏泽市牡丹人民医院门诊妇儿楼消能减震分析与设计[J]. 建筑结构,2021,51(22):37-42.

[27] 邱森,吴荣兴,于兰珍. 某高层建筑消能减震设计及动力弹塑性分析[J]. 工程抗震与加固改造,2020,42(1):77-82,

[28] 周颖,乔甦阳,舒展. 设置黏滞阻尼器的钢结构实用减震设计方法[J]. 地震工程与工程振动,2022,42(1):1-10.

[29] 翁大根,张超,吕西林,等. 附加黏滞阻尼器减震结构实用设计方法研究[J]. 振动与冲击,2012,31(21):80-88.

[30] 张健,温文露,许卫强. 黏滞阻尼墙和黏滞阻尼器混合减震设计在某框架剪力墙结构中的应用与总结[J]. 云南建筑,2021,169(2):80-83.

[31] 兰香,潘文. 高烈度区消能减震结构抗震性能研究[J]. 工程抗震与加固改造,2016, 38(5):63-68.

[32] 沈绍冬,李刚,潘鹏. 屈曲约束支撑与黏滞阻尼器的减震效果对比研究[J]. 建筑结构学报,2016,37(9):33-42.

[33] 林新阳,周福霖. 消能减震的基本原理和实际应用[J]. 世界地震工程,2002,18(3): 148-51.

[34] 丁永君,刘胜林,李进军. 黏滞阻尼结构小震附加阻尼比计算方法的对比分析[J]. 工程抗震与加固改造,2017,39(1):78-81.

[35] Fed Emergency Managment Agency. NEHRP commentary on the guidelines for theseismic rehabilitation of buildings[S]. Washington: FEMA, 1997.
[36] 兰香,潘文,张龙飞,等. 黏滞阻尼器在框架结构中的应用与研究[J]. 四川建筑科学研究,2022,48(1):10-17.

第5章 消能减震结构设计应用实例

5.1 位移型阻尼器减震结构设计

5.1.1 工程概况

项目位于云南省玉溪市，建筑用途为学校实训室，建筑高度为 21.6 m，上部结构为 5 层，结构形式为框架结构。由于位于高烈度地区，应充分重视建筑结构的抗震性能，尤其是罕遇地震下结构的抗倒塌性能，为了提高该结构在各水准地震作用下的安全性，该建筑采用减震设计提高结构的抗震性能。结构设计参数如下：

结构安全等级：二级，重要性系数为 1.0。

结构设计使用年限：50 年。

建筑物抗震设防分类：标准设防类（丙类）。

建筑物抗震设防：8 度，基本地震加速度 0.3g，地震分组第三组。

建筑场地类别：Ⅲ类。

建筑物抗震等级：框架抗震等级为二级。

5.1.2 结构抗震设计思路

1. 设计原则

（1）结构减震设计的要求为：在多遇地震作用下，建筑结构须完全保持弹性，且非结构构件无明显损坏；在罕遇地震作用下，消能减震器系统的功能仍能正常发挥。

（2）根据预期的水平向地震力、位移控制要求及耗能参数等，估算出减震结构所需附加刚度，据此选择合适的消能减震器型号，并将其配置在适当的位置。

（3）将消能减震器配置在层间相对位移或相对速度较大的楼层，同时采用合理的连接形式增加消能减震器两端的相对变形或相对速度，提高消能减震器的减震效率。

（4）消能子结构梁、柱和墙截面的设计应考虑消能减震器在极限位移或极限速度下的阻尼力作用。

（5）对含消能减震器的结构进行整体分析，包括各不同地震作用下结构的弹性分析及弹塑性分析。

（6）消能减震器与主结构之间的连接部件需适当设计，使其在罕遇地震作用下仍维持弹性或不屈状态。

2. 设计思路

（1）主体结构：将强柱弱梁、强剪弱弯的原则贯穿本设计及后续的施工图设计，楼梯部分配筋和连接均按《建筑抗震设计规范》（GB 50011—2010）中的要求进行加强。对于结构单元平面形状不规则的建筑，设计时应按《建筑抗震设计规范》（GB 50011—2010）的要求，对位移比进行较规范稍严格的限制，尽量满足对于 A 级高度高层建筑位移比不大于 1.2，对于 B 级高度高层建筑位移比不大于 1.4 的要求。此外还要满足竖向规则，即侧向刚度和楼层承载力不发生突变，无薄弱层出现。

（2）消能减震部件：采用减震器作为消能减震部件，为结构提供足够的刚度，通过消能减震器分担地震作用。根据消能减震装置的设计进行计算，将结构总刚度提高至预定值（采用消能减震器后，多遇地震下，减震器提供弹性刚度；设防地震或罕遇地震作用下，减震器提供等效刚度）。

3. 消能减震设计方案

消能减震结构主要是通过设置消能减震装置以控制结构在不同水准地震作用下的预期变形，从而达到不同等级的抗震设防目标。

本项目采用的消能减震器为屈曲约束支撑（BRB）。其利用套筒约束受力芯材，使支撑在受压时不发生屈曲，使其在拉压两种受力情况下具有同样的承载力。同时，利用钢材的屈服变形滞回耗能来吸收地震能量[1]。此类消能减震器属于位移型减震器[2]。

针对本工程，消能减震具体设计内容主要包括：

（1）确定 YJK 软件中结构的等代支撑刚度，确定消能减震器参数、数量，以及消能减震器的安装位置及型式；

（2）确定附设减震器的减震结构在多遇地震作用下的结构响应：

（3）进行弹性时程分析，复核减震器小震下阻尼力及位移；

（4）在罕遇地震作用下，进行构件的弹塑性位移验算，对承载力不足的构件进行相应调整，最后完成与减震器相连的连接构件和结构构件的设计。

5.1.3　屈曲约束支撑性能检验要求[3]

根据《建筑抗震设计规范》（GB 50011—2010）和《建筑消能减震技术规程》（JGJ 297—2013）的要求，对屈曲约束支撑进行性能检验的具体要求如下：

对屈曲约束支撑，抽检数量不少于同一工程同一类型同一规格数量的 3%，当同一类型同一规格的消能器数量较少时，可在同一类的屈曲约束支撑中抽检总数量的 3%，但不应少于 2 个，检验支撑的工作性能和在拉压反复荷载作用下的滞回性能，检测合格率为 100%时，该批次产品方可用于主体结构。被检测后的屈曲约束支撑不可以应用于主体结构。对位移相关型消能器，在消能器设计位移幅值下往复循环 30 圈后，消能器的主要设计指标误差和衰减量不应超过 15%，且不应有明显的低周疲劳现象。

5.1.4　结构减震目标和性能目标

根据前文介绍的消能减震结构性能目标的确定依据以及相应构件的设计方法，确定该项目在多遇地震和罕遇地震作用下的减震目标，以及与消能减震器相连的构件和节点的性能目标及其设计方法，具体内容如表 5-1 所示。由表 5-1 可知：结构在多遇地震下的层间位移角按照 1/610 进行控制，在罕遇地震作用下的层间位移角按照 1/100 进行控制，两者均低于《建筑抗震设计规范》中规定的钢筋混凝土框架结构的层间位移角的限值。对于主体结构，在多遇地震作用下全楼应保持弹性工作状态，设计时荷载组合采用与抗震等级相关的调整系数的基本组合，且材料强度采用设计值。消能器连接部件按照罕遇地震保持弹性工作的性能目标进行设计，即根据消能器极限位移对应的极限阻尼力作用下消能部件的内力进行相关设计，且材料强度同样采用设计值。对于消能器周边的框架以及节点，按满足罕遇地震作用下的极限承载能力的要求进行校核设计，即根据罕遇地震作用下构件的弹性内力进行配筋设计或验算，且此时的材料强度采用最小极限强度值。

表 5-1　结构减震目标和性能目标

<table>
<tr><td colspan="5">减震目标</td></tr>
<tr><td>结构类别</td><td>项目</td><td colspan="2">规范要求</td><td>减震目标</td></tr>
<tr><td rowspan="2">钢筋混凝土框架结构</td><td rowspan="2">层间位移角</td><td>多遇地震</td><td>≤1/550</td><td>≤1/610</td></tr>
<tr><td>罕遇地震</td><td>≤1/50</td><td>≤1/100</td></tr>
<tr><td colspan="5">性能目标</td></tr>
<tr><td>名称</td><td>项目</td><td>性能目标</td><td colspan="2">设计方法</td></tr>
<tr><td>主体结构</td><td>多遇地震</td><td>全楼完全弹性</td><td colspan="2">工况组合采用考虑各种系数的设计组合，材料强度采用设计值</td></tr>
<tr><td rowspan="2">消能部件</td><td>阻尼器支撑</td><td>大震弹性</td><td colspan="2">以消能器极限位移对应的阻尼力作用于支撑构件，进行相关的设计，材料强度采用设计值</td></tr>
<tr><td>周围框架及节点</td><td>满足极限强度要求</td><td colspan="2">根据大震下构件的弹性内力进行配筋，材料强度采用极限值</td></tr>
</table>

5.1.5　阻尼器平面布置图

在楼层平面内，阻尼器应按照“均匀、分散、对称”的原则进行布置[4]，且应同时布置在结构的两个主轴方向（X 向和 Y 向），以保证结构在两个主轴方向有相近的动力特性，在布置阻尼器的过程中，需考虑阻尼器与建筑门洞、窗洞是否有冲突，是否会影响建筑功能的正常发挥以及建筑功能需求等。基于以上布置原则，消能器的详细布置位置如图 5-1 所示。

5.1.6　屈曲约束支撑在 YJK 弹性模型中的等效截面推导

1. 支撑等效刚度

设 A_e 为 YJK 模型中 BRB 的等效截面面积，L_e 为模型中等代钢支撑的轴线长度，则等代钢支撑在模型中的等效刚度 K_e 可按下式计算[5]：

$$K_e = \frac{EA_e}{L_e} \tag{5-1}$$

式中，E 为钢材弹性模量。

2. 支撑的刚度组成及芯板面积计算[6]

模型中的等代钢的长度为包含梁柱节点域的整个轴线长度，真正的耗能部分则仅是芯板部分，为方便确定支撑屈服承载力，将支撑分为两个部分：耗能部分（即芯板部分，以下标 n 标示）与非耗能部分（包括梁柱节点、支撑节点及支撑弹性段部分，以下标 m 表示），如图 5-2 所示。

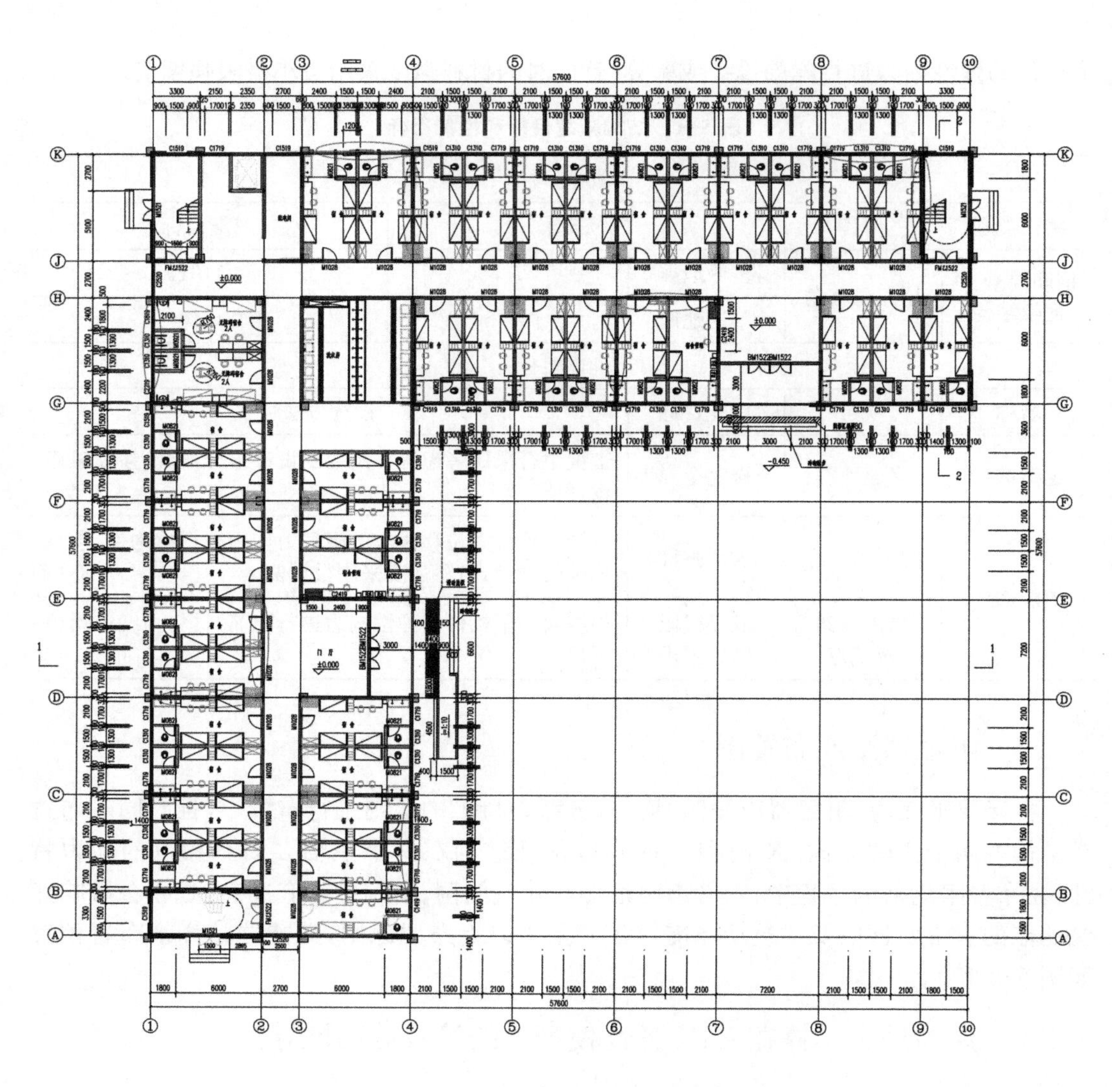

图 5-1　一至五层消能器布置图

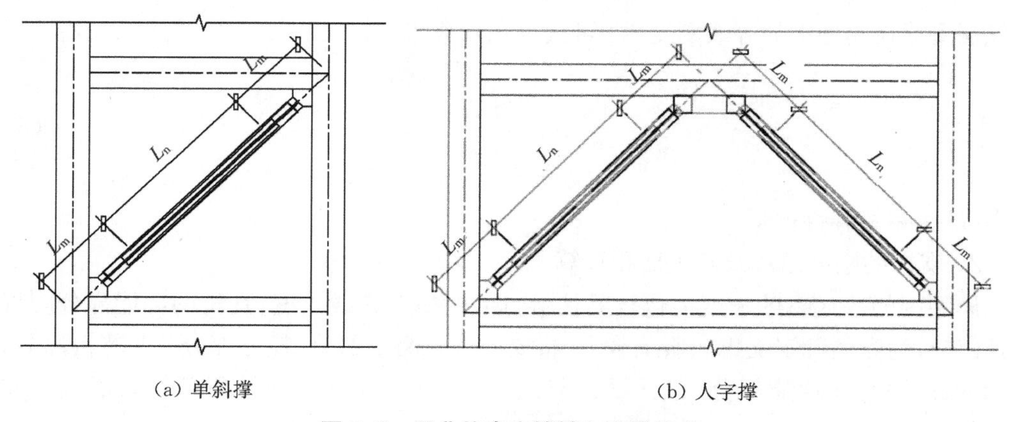

(a) 单斜撑　　　　(b) 人字撑

图 5-2　屈曲约束支撑轴向串联组成

耗能部分与非耗能部分串联组成模型中的等代钢支撑的刚度，因此根据刚度串联公式可计算出芯板面积，刚度串联公式如式(5-2)及式(5-3)所示：

$$\frac{1}{K_e}=\frac{1}{K_m}+\frac{1}{K_n} \tag{5-2}$$

$$K_m=\frac{EA_m}{2L_m},K_n=\frac{EA_n}{2L_n} \tag{5-3}$$

式中：K_m、A_m、L_m 分别为非耗能段刚度、等效面积、长度；K_n、A_n、L_n 分别为耗能段刚度、等效面积、长度。

联立求解式(5-1)(5-2)(5-3)，可得

$$\frac{L_e}{A_e}=\frac{2L_m}{A_m}+\frac{L_n}{A_n} \tag{5-4}$$

由式(5-4)便可计算出芯板的截面面积。

3. 根据芯板面积确定支撑屈服承载力[7]

由芯板面积可以直接计算得到支撑的屈服承载力 N_{by}：

$$N_{by}=\eta_y f_y A_n \tag{5-5}$$

式中：η_y 为钢材超强系数，其取值如表 5-2 所示；f_y 为钢材屈服强度标准值，其取值见表 5-2。

因此，屈曲约束支撑的设计承载力 N_b 为

$$N_b=0.9\frac{N_{by}}{\eta_y} \tag{5-6}$$

表 5-2　钢材屈服强度及超强系数取值

钢材牌号	芯板钢材屈服强度 f_y/ MPa	芯材超强系数 η_y
Q100LY	80	1.25
Q160LY	140	1.15
Q225LY	205	1.10
Q235	235	1.15
Q345	345	1.10
Q390	390	1.05
Q420	420	1.05

根据上述支撑等效截面面积计算公式，可计算出 BRB 等代钢杆与实际 BRB 参数(见表 5-3)间的对应关系，如表 5-4 所示。从表中可以看出，YJK 模型中等代钢杆的刚度与 BRB 的实际刚度十分接近，各 BRB 的刚度指标误差均控制在 10%以内，为实际工程中可接受的误差范围，且 YJK 中等代钢杆的最不利组合轴力均小于 BRB 的实际屈服承载力。

表 5-3　屈曲约束支撑(BRB)性能参数表

BRB 类型	BRB1	BRB2	BRB3
刚度/($kN \cdot mm^{-1}$)	395	370	405
屈服承载力 F_y/kN	2 000	1 500	1 500
屈服位移 U_y/mm	5.06	4.05	3.70
屈服后刚度比	0.02	0.02	0.02
设计阻尼出力/kN	2 080	1 552	1 560
设计位移/mm	15.21	11.13	11.13
极限出力/kN	2 104	1 569	1 578
极限位移/mm	18.25	13.36	13.35
数量/根	60	40	20
检验要求	按《建筑消能阻尼器》(JG/T 209—2012)和《建筑消能减震技术规程》(JGJ 297—2013)进行检验		
满足力学方程	$F=kU_y+(U-U_y)(0.02k)$		

表 5-4　YJK 模型等代支撑与屈曲约束支撑实际参数的等效

CAD 图纸编号	BRB 编号	轴线长度 L/mm	等代支撑刚度 K/($kN \cdot mm^{-1}$)	等代支撑截面尺寸/mm	等代支撑截面积 A/mm^2	等代支撑轴力/kN	BRB 屈服承载力 F_y/kN	BRB 弹性刚度 K_s/($kN \cdot mm^{-1}$)	BRB 种类
BRB1(K_s=395 kN/mm, F_y=2 000 kN)									
BRB-2X-1L	1	5 307	388	100	10 000	1 142	2 000	395	BRB1
BRB-2X-1R	2	5 307	388	100	10 000	1 150	2 000	395	
BRB-2X-2L	3	5 307	388	100	10 000	1 238	2 000	395	
BRB-2X-2R	4	5 307	388	100	10 000	1 211	2 000	395	
BRB-2X-3L	5	5 307	388	100	10 000	1 285	2 000	395	
BRB-2X-3R	6	5 307	388	100	10 000	1 316	2 000	395	
BRB-2X-4L	7	5 307	388	100	10 000	1 316	2 000	395	
BRB-2X-4R	8	5 307	388	100	10 000	1 319	2 000	395	
BRB-2X-5L	9	5 091	405	100	10 000	1 307	2 000	395	
BRB-2X-5R	10	5 091	405	100	10 000	1 274	2 000	395	
BRB-2X-6L	11	5 091	405	100	10 000	1 279	2 000	395	
BRB-2X-6R	12	5 091	405	100	10 000	1 286	2 000	395	
BRB-3X-1L	13	5 307	388	100	10 000	1 143	2 000	395	
BRB-3X-1R	14	5 307	388	100	10 000	1 153	2 000	395	

续表

CAD 图纸编号	BRB 编号	轴线长度 L/mm	等代支撑刚度 K/($kN \cdot mm^{-1}$)	等代支撑截面尺寸/mm	等代支撑截面积 A/mm^2	等代支撑轴力/kN	BRB 屈服承载力 F_y/kN	BRB 弹性刚度 K_s/($kN \cdot mm^{-1}$)	BRB 种类
BRB-3X-2L	15	5 307	388	100	10 000	1 351	2 000	395	BRB1
BRB-3X-2R	16	5 307	388	100	10 000	1 240	2 000	395	
BRB-3X-3L	17	5 307	388	100	10 000	1 321	2 000	395	
BRB-3X-3R	18	5 307	388	100	10 000	1 371	2 000	395	
BRB-3X-4L	19	5 307	388	100	10 000	1 321	2 000	395	
BRB-3X-4R	20	5 307	388	100	10 000	1 318	2 000	395	
BRB-3X-5L	21	5 091	405	100	10 000	1 307	2 000	395	
BRB-3X-5R	22	5 091	405	100	10 000	1 294	2 000	395	
BRB-3X-6L	23	5 091	405	100	10 000	1 283	2 000	395	
BRB-3X-6R	24	5 091	405	100	10 000	1 288	2 000	395	
BRB-4X-2L	25	5 307	388	100	10 000	1 046	2 000	395	
BRB-4X-2R	26	5 307	388	100	10 000	1 014	2 000	395	
BRB-4X-3L	27	5 307	388	100	10 000	1 098	2 000	395	
BRB-4X-3R	28	5 307	388	100	10 000	1 129	2 000	395	
BRB-4X-4L	29	5 307	388	100	10 000	1 097	2 000	395	
BRB-4X-4R	30	5 307	388	100	10 000	1 091	2 000	395	
BRB-2Y-1L	31	5 091	405	100	10 000	1 246	2 000	395	
BRB-2Y-1R	32	5 091	405	100	10 000	1 252	2 000	395	
BRB-2Y-2L	33	5 091	405	100	10 000	1 281	2 000	395	
BRB-2Y-2R	34	5 091	405	100	10 000	1 277	2 000	395	
BRB-2Y-3L	35	5 091	405	100	10 000	1 244	2 000	395	
BRB-2Y-3R	36	5 091	405	100	10 000	1 239	2 000	395	
BRB-2Y-4L	37	5 307	388	100	10 000	1 303	2 000	395	
BRB-2Y-4R	38	5 307	388	100	10 000	1 279	2 000	395	
BRB-2Y-5L	39	5 307	388	100	10 000	1 290	2 000	395	
BRB-2Y-5R	40	5 307	388	100	10 000	1 279	2 000	395	
BRB-2Y-6L	41	5 307	388	100	10 000	1 303	2 000	395	
BRB-2Y-6R	42	5 307	388	100	10 000	1 333	2 000	395	
BRB-3Y-1L	43	5 091	405	100	10 000	1 233	2 000	395	
BRB-3Y-1R	44	5 091	405	100	10 000	1 241	2 000	395	

续表

CAD 图纸编号	BRB 编号	轴线长度 L/mm	等代支撑刚度 K/(kN·mm^{-1})	等代支撑截面尺寸/mm	等代支撑截面积 A/mm^2	等代支撑轴力/kN	BRB 屈服承载力 F_y/kN	BRB 弹性刚度 K_s/(kN·mm^{-1})	BRB 种类
BRB-3Y-2L	45	5 091	405	100	10 000	1 283	2 000	395	BRB1
BRB-3Y-2R	46	5 091	405	100	10 000	1 281	2 000	395	
BRB-3Y-3L	47	5 091	405	100	10 000	1 234	2 000	395	
BRB-3Y-3R	48	5 091	405	100	10 000	1 228	2 000	395	
BRB-3Y-4L	49	5 307	388	100	10 000	1 356	2 000	395	
BRB-3Y-4R	50	5 307	388	100	10 000	1 310	2 000	395	
BRB-3Y-5L	51	5 307	388	100	10 000	1 302	2 000	395	
BRB-3Y-5R	52	5 307	388	100	10 000	1 267	2 000	395	
BRB-3Y-6L	53	5 307	388	100	10 000	1 336	2 000	395	
BRB-3Y-6R	54	5 307	388	100	10 000	1 387	2 000	395	
BRB-4Y-4L	55	5 307	388	100	10 000	1 124	2 000	395	
BRB-4Y-4R	56	5 307	388	100	10 000	1 096	2 000	395	
BRB-4Y-5L	57	5 307	388	100	10 000	1 076	2 000	395	
BRB-4Y-5R	58	5 307	388	100	10 000	1 053	2 000	395	
BRB-4Y-6L	59	5 307	388	100	10 000	1 107	2 000	395	
BRB-4Y-6R	60	5 307	388	100	10 000	1 111	2 000	395	
BRB2(K_s=370 kN/mm, F_y=1 500 kN)									
BRB-1X-1L	61	5 842	353	100	10 000	907	1 500	370	BRB2
BRB-1X-1R	62	5 842	353	100	10 000	887	1 500	370	
BRB-1X-2L	63	5 842	353	100	10 000	951	1 500	370	
BRB-1X-2R	64	5 842	353	100	10 000	945	1 500	370	
BRB-1X-3L	65	5 842	353	100	10 000	994	1 500	370	
BRB-1X-3R	66	5 842	353	100	10 000	1 000	1 500	370	
BRB-1X-4L	67	5 842	353	100	10 000	1 013	1 500	370	
BRB-1X-4R	68	5 842	353	100	10 000	1 009	1 500	370	
BRB-1X-5L	69	5 646	365	100	10 000	1 016	1 500	370	
BRB-1X-5R	70	5 646	365	100	10 000	997	1 500	370	
BRB-1X-6L	71	5 646	365	100	10 000	965	1 500	370	
BRB-1X-6R	72	5 646	365	100	10 000	979	1 500	370	
BRB-4X-1L	73	5 307	388	100	10 000	932	1 500	370	

续表

CAD 图纸编号	BRB 编号	轴线长度 L/mm	等代支撑刚度 K/(kN·mm^{-1})	等代支撑截面尺寸/mm	等代支撑截面积 A/mm^2	等代支撑轴力/kN	BRB 屈服承载力 F_y/kN	BRB 弹性刚度 K_s/(kN·mm^{-1})	BRB 种类
BRB-4X-1R	74	5 307	388	100	10 000	953	1 500	370	BRB2
BRB-5X-1L	75	5 307	388	100	10 000	726	1 500	370	
BRB-5X-1R	76	5 307	388	100	10 000	738	1 500	370	
BRB-5X-2L	77	5 307	388	100	10 000	818	1 500	370	
BRB-5X-2R	78	5 307	388	100	10 000	800	1 500	370	
BRB-5X-3L	79	5 307	388	100	10 000	892	1 500	370	
BRB-5X-3R	80	5 307	388	100	10 000	897	1 500	370	
BRB-5X-4L	81	5 307	388	100	10 000	875	1 500	370	
BRB-5X-4R	82	5 307	388	100	10 000	873	1 500	370	
BRB-1Y-1L	83	5 646	365	100	10 000	955	1 500	370	
BRB-1Y-1R	84	5 646	365	100	10 000	968	1 500	370	
BRB-1Y-2L	85	5 646	365	100	10 000	971	1 500	370	
BRB-1Y-2R	86	5 646	365	100	10 000	977	1 500	370	
BRB-1Y-3L	87	5 646	365	100	10 000	958	1 500	370	
BRB-1Y-3R	88	5 646	365	100	10 000	954	1 500	370	
BRB-1Y-4L	89	5 842	353	100	10 000	983	1 500	370	
BRB-1Y-4R	90	5 842	353	100	10 000	992	1 500	370	
BRB-1Y-5L	91	5 842	353	100	10 000	983	1 500	370	
BRB-1Y-5R	92	5 842	353	100	10 000	1 004	1 500	370	
BRB-1Y-6L	93	5 842	353	100	10 000	1 006	1 500	370	
BRB-1Y-6R	94	5 842	353	100	10 000	1 011	1 500	370	
BRB-5Y-4L	95	5 307	388	100	10 000	907	1 500	370	
BRB-5Y-4R	96	5 307	388	100	10 000	881	1 500	370	
BRB-5Y-5L	97	5 307	388	100	10 000	819	1 500	370	
BRB-5Y-5R	98	5 307	388	100	10 000	807	1 500	370	
BRB-5Y-6L	99	5 307	388	100	10 000	872	1 500	370	
BRB-5Y-6R	100	5 307	388	100	10 000	892	1 500	370	
BRB3(K_s=405 kN/mm，F_y=1 500 kN)									
BRB-4X-5L	101	5 091	405	100	10 000	1 088	1 500	405	RB3
BRB-4X-5R	102	5 091	405	100	10 000	1 081	1 500	405	

续表

CAD 图纸编号	BRB 编号	轴线长度 L/mm	等代支撑刚度 K/(kN·mm^{-1})	等代支撑截面尺寸/mm	等代支撑截面积 A/mm^2	等代支撑轴力/kN	BRB 屈服承载力 F_y/kN	BRB 弹性刚度 K_s/(kN·mm^{-1})	BRB 种类
BRB-4X-6L	103	5 091	405	100	10 000	1 053	1 500	405	BRB3
BRB-4X-6R	104	5 091	405	100	10 000	1 055	1 500	405	
BRB-5X-5L	105	5 091	405	100	10 000	863	1 500	405	
BRB-5X-5R	106	5 091	405	100	10 000	862	1 500	405	
BRB-5X-6L	107	5 091	405	100	10 000	822	1 500	405	
BRB-5X-6R	108	5 091	405	100	10 000	823	1 500	405	
BRB-4Y-1L	109	5 091	405	100	10 000	1 027	1 500	405	
BRB-4Y-1R	110	5 091	405	100	10 000	1 031	1 500	405	
BRB-4Y-2L	111	5 091	405	100	10 000	1 055	1 500	405	
BRB-4Y-2R	112	5 091	405	100	10 000	1 052	1 500	405	
BRB-4Y-3L	113	5 091	405	100	10 000	1 007	1 500	405	
BRB-4Y-3R	114	5 091	405	100	10 000	1 003	1 500	405	
BRB-5Y-1L	115	5 091	405	100	10 000	822	1 500	405	
BRB-5Y-1R	116	5 091	405	100	10 000	821	1 500	405	
BRB-5Y-2L	117	5 091	405	100	10 000	832	1 500	405	
BRB-5Y-2R	118	5 091	405	100	10 000	830	1 500	405	
BRB-5Y-3L	119	5 091	405	100	10 000	795	1 500	405	
BRB-5Y-3R	120	5 091	405	100	10 000	790	1 500	405	

5.1.7 不同软件建立的模型对比

该建筑为钢筋混凝土框架结构体系，采用大型有限元分析软件 SAP2000 建立结构模型，并进行计算与分析。SAP2000 软件具有方便灵活的建模、模拟功能和强大的线性和非线性动力分析功能[8-9]。此模型根据 YJK 模型得到，SAP2000 三维计算模型如图 5-3 所示。

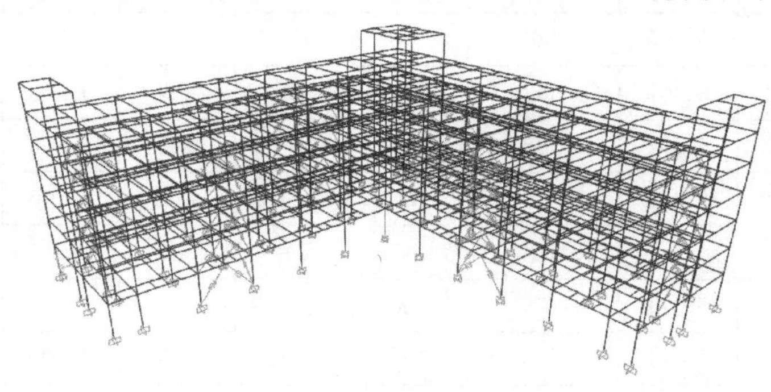

图 5-3 SAP2000 三维模型

为了校核所建立的有限元结构分析模型的准确性，我们分别将 SAP2000 和 YJK 建立的非减震结构模型计算得到的质量、前三阶周期和振型分解反应谱法下的基底剪力进行对比，如表 5-5 所示。

表 5-5　不同软件模型计算指标对比

对比指标	结构质量/t	自振周期/s			基底剪力/kN	
		1 阶	2 阶	3 阶	*X* 向	*Y* 向
SAP2000	14 961	0.611	0.587	0.549	27 727	28 438
YJK	14 689	0.600	0.596	0.540	28 137	28 452
误差/%	1.82	1.83	1.51	1.67	1.46	0.05

从表 5-5 可以看出，两款软件建立的模型质量误差为 1.82%，前三阶周期的误差分别为 1.88%、1.54%与 1.74%，两主轴方向的基底剪力误差分别为 1.46%与 0.05%。不难发现，三项主要指标的误差均控制在 5%以内。因此，用于减震分析计算的 SAP2000 模型与 YJK 模型，在结构质量、周期和基底剪力方面的差异很小，两模型基本上是一致的，皆可用于设防地震及罕遇地震作用下的弹塑性时程分析。

5.1.8　地震波的选取[10-11]

《建筑抗震设计规范》(GB 50011—2010)5.1.2 条规定：采用时程分析法时，应按建筑场地类别和设计地震分组选用实际强震记录和人工模拟的加速度时程曲线，其中实际强震记录的数量不应少于总数的 2/3，多组时程曲线的平均地震影响系数曲线应与振型分解反应谱法所采用的地震影响系数曲线在统计意义上相符。进行弹性时程分析时，根据每条时程曲线计算所得结构底部剪力不应小于振型分解反应谱法计算结果的 65%，根据多条时程曲线计算所得结构底部剪力的平均值不应小于振型分解反应谱法计算结果的 80%。从工程角度考虑，这样可以保证时程分析结果满足最低安全要求。但计算结果也不能太大，每条地震波下计算所得结构底部剪力不应大于振型分解反应谱法计算结果的 135%，平均不大于 120%。根据《建筑抗震设计规范》(GB 50011—2010)对 5.1.2 条的条文说明，所谓“在统计意义上相符”指的是，多组时程波的平均地震影响系数曲线与振型分解反应谱法所用的地震影响系数曲线相比，在对应于结构主要振型的周期点上相差不大于 20%。

按照上述原则选取得到的 5 条天然地震波和 2 条人工波的时程曲线及反应谱曲线如图 5-4 及图 5-5 所示。从图中可以看出，规范反应谱曲线与时程反应谱曲线在结构主要周期点上的地震影响系数值均较为接近，两者的频谱特性也较为一致，表明所选地震波符合规范的选波要求，可用于时程分析中结构抗震性能指标的考察与验算。

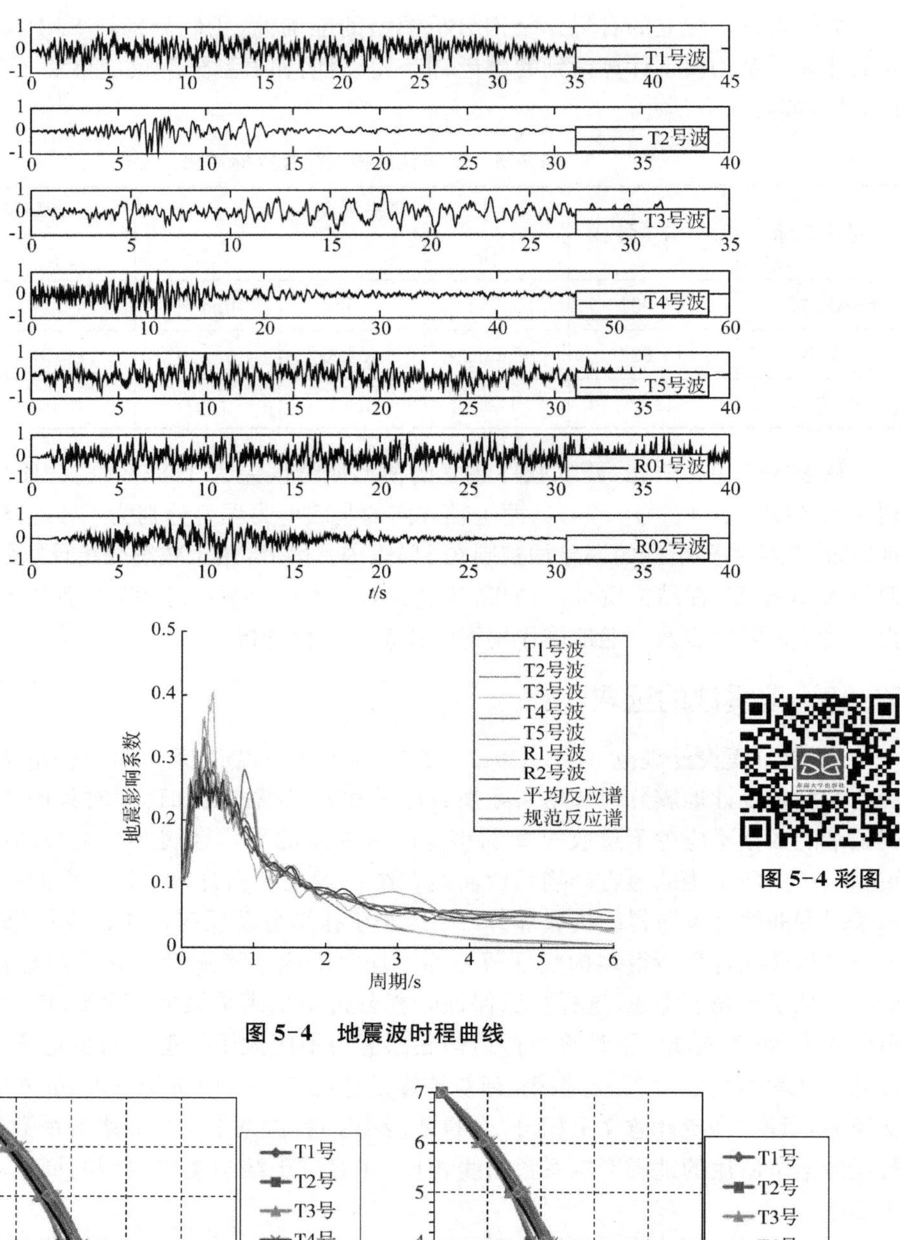

图 5-4 地震波时程曲线

楼层号
T1号
T2号
T3号
T4号
T5号
R1号
R2号
反应谱
平均值
剪力/kN

(a) X 向楼层剪力

(b) Y 向楼层剪力

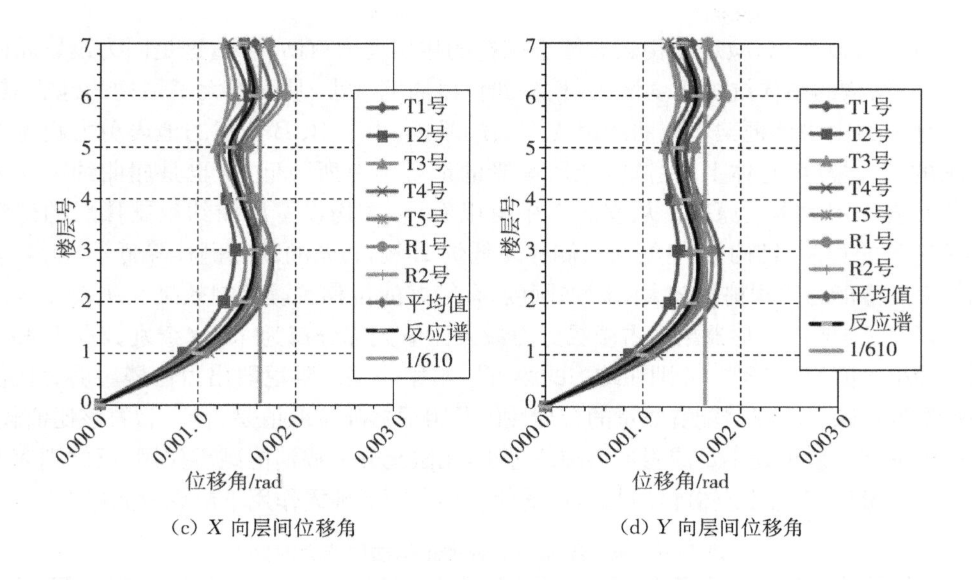

(c) X 向层间位移角　　(d) Y 向层间位移角

图 5-5　减震结构楼层剪力及层间位移角分布

5.1.9　多遇地震作用下的弹性时程分析

在 SAP2000 软件中，梁柱构件采用框架线单元模拟，屈曲约束支撑(BRB)采用塑性连接单元模拟，弹性时程分析采用的方法是软件所提供的快速非线性分析(FNA)方法[12-15]，即只考虑阻尼器的非线性，结构本身假设为线弹性。FNA 方法是一种用于结构动力学分析的数值计算方法，能有效地模拟非线性结构的动态响应。传统的非线性动力学分析方法需要耗费大量的计算时间和资源，而 FNA 方法通过减少计算的自由度和优化计算的过程，能够显著加快非线性动力学分析的速度。该方法基于结构的模态信息，在模态坐标下进行计算，将结构的非线性问题转化为一个等效的线性问题，其中非线性项通过一系列预定义的非线性函数来近似表示。这些非线性函数通常基于结构的力学特性和经验数据，并通过对结构做合理的假设来简化计算。相对于传统的直接积分法，FNA 方法的一个关键优势是它可以快速计算出非线性结构在给定激励荷载下的响应。通过选择适当的模态数量和非线性函数的参数，FNA 方法可以在保证较高的计算精度的同时，大幅度减少计算时间和计算资源的消耗。图 5-5 所示为设置消能的结构采用 FNA 方法进行多遇地震作用下的弹性时程分析所得结构楼层剪力及层间位移角分布情况。从图中可以看出，结构的楼层剪力随结构高度的增加逐渐减小，各条地震波下计算所得楼层剪力与反应谱(CQC)计算结果较为接近，表明所选地震波符合对方对结构时程分析的选波要求。结构在 X 向和 Y 向的最大层间位移角分别为 1/622 和 1/625，均小于设定的位移减震目标 1/610，表明结构设置屈曲约束支撑后整体抗侧刚度有较好的改善，增强了结构在地震作用下抵抗变形的能力，从而提高结构的抗震性能。

为更加深入地分析和掌握结构设置屈曲约束支撑后的抗震性能指标改善情况，分别对比分析了纯框架结构(非减震结构)与屈曲约束支撑结构(减震结构)在楼层剪力、楼层侧向位移以及屈曲约束支撑阻尼力占楼层剪力比值等方面的差异，见表 5-6、5-7、5-8。

从表 5-6 中可以看出,减震结构较非减震结构的楼层剪力有所提高,这是因为设置屈曲约束支撑后,结构的整体抗侧刚度增大,相应的自振周期减小,从而增大了结构的地震需求,但此时地震力由主体框架和屈曲约束支撑共同承担,由于 BRB 分担的地震剪力超过了地震需求的增大幅度,总体上,主体框架所承受的地震力有所降低,这也是屈曲约束支撑起到消能减震作用的本质原理。从表 5-7 中可以看出,结构设置屈曲约束支撑后的位移反应得到有效的控制,结构 X 向的顶点侧移降低约 29%,Y 向的顶点侧移降低约 30%,表明屈曲约束支撑能为结构提供较大的附加刚度,有较好的位移减震控制效果。从表 5-8 中可以看出,X 向与 Y 向阻尼器出力占楼层剪力最大比值大部分都为 48%(个别数据为 49%和 47%),最小比值均为 28%,分别在结构的第五层与第一层。阻尼器出力占楼层剪力比值这一指标主要反映了阻尼器配置数量的合理性以及阻尼器吨位取值是否恰当,若该比值较小,则表明阻尼器数量配置不足或阻尼器吨位过小,无法充分发挥消能减震作用,反之则表明阻尼器配置数量过多或阻尼器吨位过大,可能使结构在罕遇地震作用下出现薄弱层。

表 5-6 减震结构与非减震结构楼层剪力对比

楼层	结构 X 向							
	层间剪力比(减震结构/非减震结构)							
	T1 号	T2 号	T3 号	T4 号	T5 号	R1 号	R2 号	平均值
7	1.247	0.979	1.307	1.095	1.413	1.461	1.250	1.250
6	1.332	1.144	1.206	1.279	1.278	1.429	1.021	1.241
5	1.423	1.108	1.139	1.246	1.245	1.267	1.103	1.219
4	1.376	1.113	1.096	1.260	1.245	1.197	1.105	1.199
3	1.244	1.030	1.052	1.277	1.204	1.157	1.082	1.149
2	1.138	0.961	1.014	1.291	1.264	1.174	1.064	1.130
1	1.130	0.964	1.001	1.327	1.308	1.174	1.059	1.138
楼层	结构 Y 向							
	层间剪力比(减震结构/非减震结构)							
	T1 号	T2 号	T3 号	T4 号	T5 号	R1 号	R2 号	平均值
7	1.241	0.993	1.353	1.140	1.473	1.449	1.296	1.278
6	1.327	1.156	1.219	1.312	1.327	1.482	1.108	1.276
5	1.420	1.113	1.149	1.275	1.289	1.294	1.150	1.241
4	1.382	1.110	1.095	1.289	1.272	1.208	1.147	1.215
3	1.281	1.057	1.056	1.301	1.250	1.202	1.125	1.182
2	1.199	1.002	1.020	1.310	1.302	1.208	1.094	1.162
1	1.190	1.016	1.002	1.342	1.339	1.194	1.090	1.167

表 5-7　减震结构与非减震结构楼层侧向位移对比

楼层	结构 X 向							
	楼层侧移比(减震结构/非减震结构)							
	T1 号	T2 号	T3 号	T4 号	T5 号	R1 号	R2 号	平均值
7	0.786	0.559	0.669	0.732	0.778	0.761	0.626	0.702
6	0.741	0.521	0.625	0.707	0.724	0.715	0.592	0.661
5	0.687	0.485	0.587	0.680	0.677	0.660	0.569	0.621
4	0.671	0.478	0.585	0.687	0.678	0.653	0.571	0.618
3	0.670	0.481	0.599	0.714	0.703	0.669	0.586	0.632
2	0.690	0.496	0.627	0.760	0.749	0.699	0.614	0.662
1	0.753	0.540	0.678	0.840	0.821	0.750	0.670	0.722
楼层	结构 Y 向							
	楼层侧移比(减震结构/非减震结构)							
	T1 号	T2 号	T3 号	T4 号	T5 号	R1 号	R2 号	平均值
7	0.760	0.555	0.667	0.731	0.782	0.765	0.631	0.699
6	0.712	0.516	0.619	0.705	0.729	0.713	0.597	0.656
5	0.662	0.482	0.582	0.675	0.682	0.660	0.571	0.616
4	0.647	0.476	0.579	0.681	0.681	0.651	0.571	0.612
3	0.653	0.479	0.592	0.708	0.707	0.670	0.586	0.628
2	0.689	0.500	0.623	0.759	0.752	0.701	0.618	0.663
1	0.755	0.552	0.676	0.840	0.824	0.761	0.675	0.726

表 5-8　减震结构阻尼器出力占楼层剪力比值

楼层	X 向 BRB 阻尼力占楼层剪力比值/%							
	T1 号	T2 号	T3 号	T4 号	T5 号	R1 号	R2 号	平均值
5	48	48	48	47	48	48	47	48
4	45	46	45	45	45	46	45	45
3	46	46	46	46	46	46	46	46
2	41	41	41	41	41	41	41	41
1	28	28	28	28	28	28	28	28
楼层	Y 向 BRB 阻尼力占楼层剪力比值/%							
	T1 号	T2 号	T3 号	T4 号	T5 号	R1 号	R2 号	平均值
5	48	48	48	48	48	49	48	48

续表

楼层	Y 向 BRB 阻尼力占楼层剪力比值/%							
	T1 号	T2 号	T3 号	T4 号	T5 号	R1 号	R2 号	平均值
4	46	46	46	46	46	46	46	46
3	46	46	46	46	46	46	46	46
2	41	41	41	41	41	41	41	41
1	28	28	28	28	28	28	28	28

图 5-6 所示为结构中 X 向及 Y 向典型 BRB 阻尼器在多遇地震作用下的滞回曲线，从图中可以看出，两主轴方向 BRB 在地震作用下的内力及变形均未超过其屈服承载力及屈服位移，滞回曲线为一直线，表明多遇地震作用下 BRB 均处于弹性工作状态，主要为结构提供附加的抗侧刚度，提高结构在地震作用下抵抗变形的能力。这也说明采用本书中的减震设计方法实现了相应的减震性能目标，并使阻尼器发挥了预期的耗能减震效果。

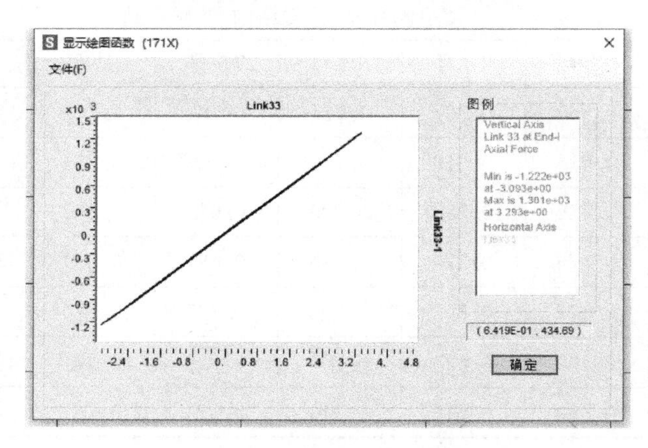

(a) X 向 BRB 滞回曲线

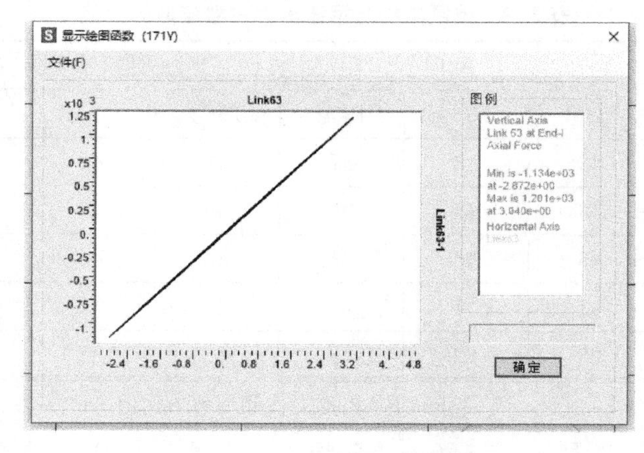

(b) Y 向 BRB 滞回曲线

图 5-6　多遇地震作用下 BRB 滞回曲线

图 5-7 为结构在多遇地震作用下的能量时程分布曲线图，从图中可以看出，随着地震持时的增加，输入结构的地震能量也随之增大，但绝大部分能量被结构本身的阻尼比所消耗，BRB 的滞回阻尼耗能几乎为零，这也从侧面说明了在多遇地震作用下 BRB 实现了仅提高结构抗侧刚度的设计性能目标。

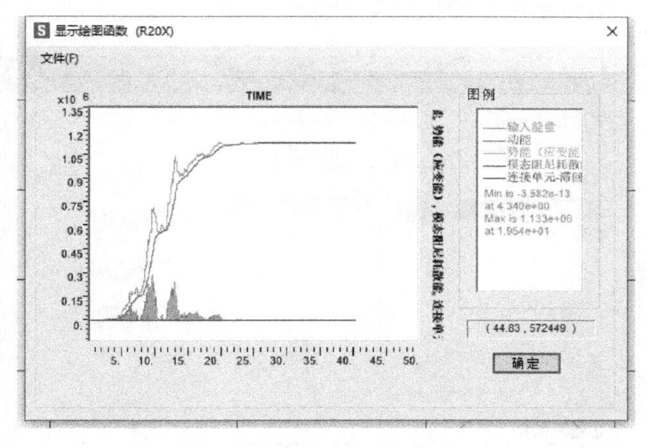

(a) X 向能量时程曲线

图 5-7 彩图

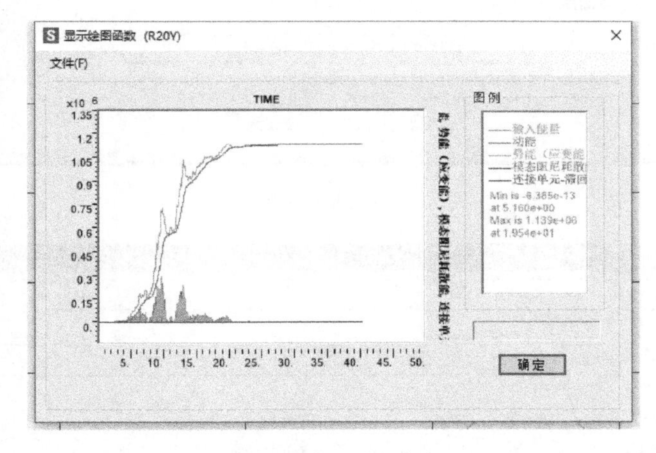

(b) Y 向能量时程曲线

图 5-7　结构能量时程分布曲线

5.1.10　罕遇地震作用下结构的弹塑性时程分析

1. 弹塑性模型建立

该项目使用大型有限元分析软件 SAP2000 进行减震结构的弹塑性时程分析。SAP2000 软件具有强大的非线性动力分析功能，能够准确分析主体结构进入塑性的变形特征及减震器在大震下所发挥的特性。在 SAP2000 中，使用塑性连接单元 Plastic (Wen) 准确模拟阻尼器在各水准地震作用下的弹塑性行为，在框架梁柱中分别采用程序默认的弯矩铰(M3) 和轴力-弯矩相关性铰(P－M2－M3) 来模拟其塑性阶段的力学行

为[16-17]。弹塑性时程分析过程中要考虑材料非线性，采用小变形假定，且同时考虑结构的几何非线性。对于运动微分方程的求解，选择程序提供的 Hilber-Hughes-Taylor 逐步积分法[18-20]，β 值取 0.25，γ 取 0.5，Alpha 系数为 0。弹塑性时程分析过程中，根据规范对所选地震波有效峰值加速度进行调幅。选取弹性时程分析中的 7 条地震波进行大震分析，分析结果取平均值。结构塑性铰的设置如图 5-8 所示。

框架铰指定
框架铰指定数据
铰属性 相对距离
Auto 0.
Auto M3 0.
Auto M3 1.
添加(A)
修改(M)
删除(D)
自动框架铰指定数据
类型：From Tables In FEMA 356
表：Table 6-7 (Concrete Beams - Flexure) Item i
自由度：M3
修改/显示自动框架铰指定数据...
确定 取消

(a) 弯矩铰指定

自动框架铰指定数据
自动铰类型
From Tables In FEMA 356
选择FEMA356表
Table 6-7 (Concrete Beams - Flexure) Item i
分量类型
主要的
次要的
自由度
M2
M3
V值来自
工况/组合 N94X
自定义值 V2
横向配筋
横向配筋是符合的
配筋率 (p - p')/pbalanced
来自当前设计
自定义值
变形控制铰承载力
E 点后降荷载
E 点后外插值
确定 取消

(b) 弯矩铰参数定义

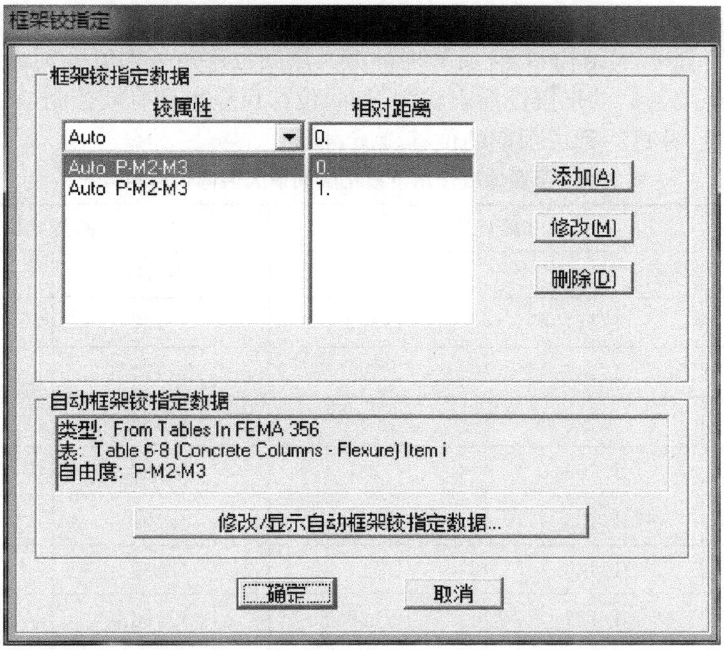

（c）轴力-弯矩相关性铰指定

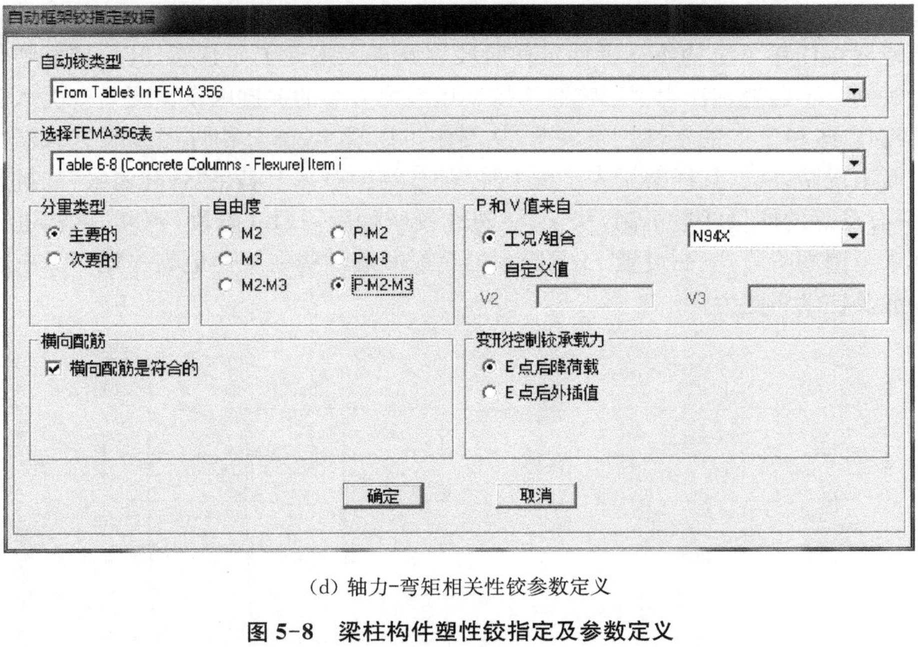

（d）轴力-弯矩相关性铰参数定义

图 5-8　梁柱构件塑性铰指定及参数定义

2. 层间位移角对比

弹塑性分析过程中，利用 5 条天然波及 2 条人工波分别对无阻尼器的非减震结构及设置有 BRB 阻尼器的消能减震结构进行弹塑性对比分析，地震波峰值加速度调整为 510 cm/s^2。表 5-9 所示为非减震结构及消能减震结构在罕遇地震作用下的最大弹塑性

层间位移角分布，从表中可以看出，减震结构 X 向及 Y 向的最大层间位移角平均值分别为 1/181、1/179，非减震结构 X 向及 Y 向的最大层间位移角平均值分别为 1/116、1/108，表明结构设置阻尼器后的抗震性能有较大提高，位移反应得到有效控制，从而提高了结构的抗倒塌安全性，并且达到了预期的位移减震目标。

表 5-9　罕遇地震作用下结构层间最大层间位移角分布

工况	非减震结构		减震结构	
	X 向	Y 向	X 向	Y 向
T1 号	1/121	1/111	1/167	1/168
T2 号	1/105	1/98	1/171	1/169
T3 号	1/84	1/79	1/183	1/175
T4 号	1/108	1/101	1/167	1/166
T5 号	1/133	1/130	1/191	1/190
R1 号	1/125	1/111	1/159	1/155
R2 号	1/132	1/128	1/196	1/197
平均值	1/116	1/108	1/181	1/179

3．结构塑性发展及阻尼器耗能分析

罕遇地震作用下结构将从弹性工作阶段逐渐进入塑性工作状态，其合理的塑性发展及耗能机制是罕遇地震作用下影响结构抗倒塌能力大小的关键因素。图 5-9 为人工波作用下结构 X 向和 Y 向的塑性铰发展图，从图中可以看出，部分构件因开裂进入塑性工作状态后而出现塑性铰，且框架梁先于框架柱屈服，结构总体上满足“强柱弱梁”的抗震概念要求，具有良好的能量耗散机制，从梁、柱塑性铰所处阶段（IO 阶段）判断，结构进入塑性的程度未至倒塌阶段，表明设置 BRB 阻尼器后的减震结构在罕遇地震作用下具有良好的抗震性能及抗倒塌能力。

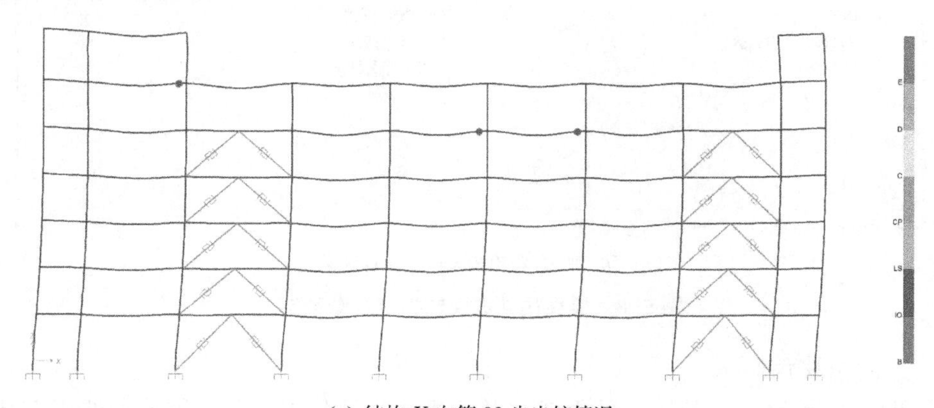

(a) 结构 X 向第 82 步出铰情况

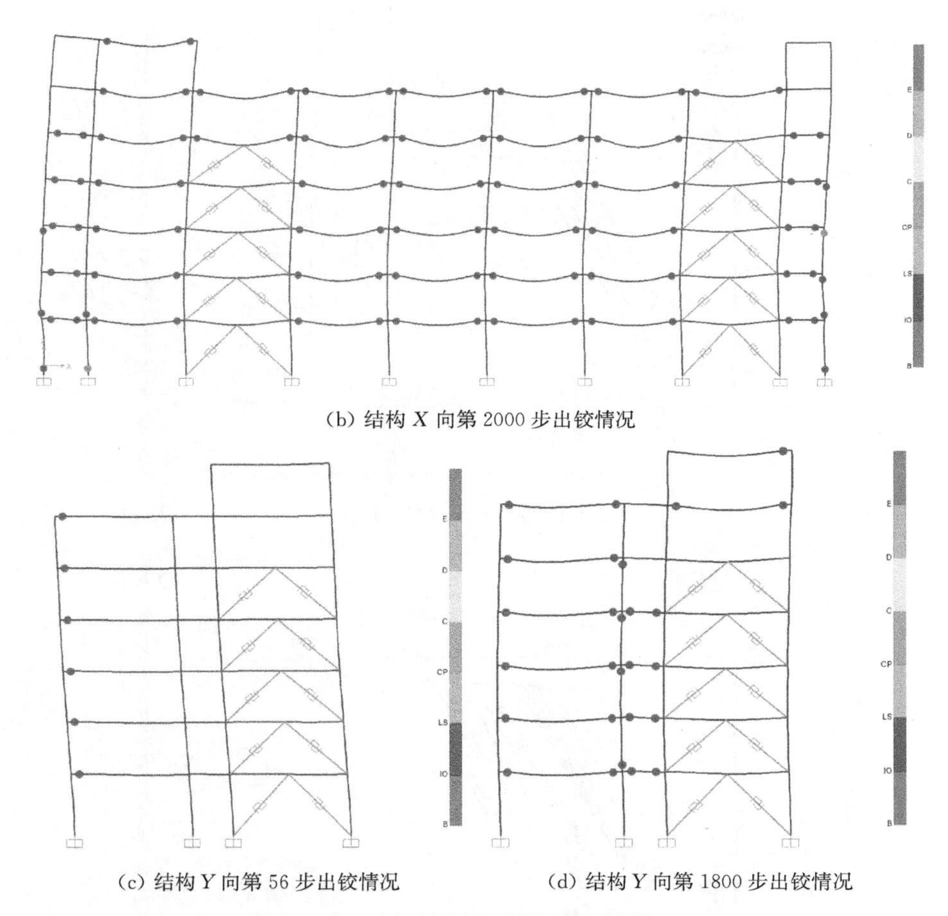

(b) 结构 X 向第 2000 步出铰情况

(c) 结构 Y 向第 56 步出铰情况　　　(d) 结构 Y 向第 1800 步出铰情况

图 5-9　人工波作用下结构塑性发展情况

图 5-10 为罕遇地震作用下两主轴方向典型 BRB 的滞回曲线，从图中可以看出，在各地震波作用下，BRB 在罕遇地震作用下的内力与变形均超过其屈服承载力与屈服位移，

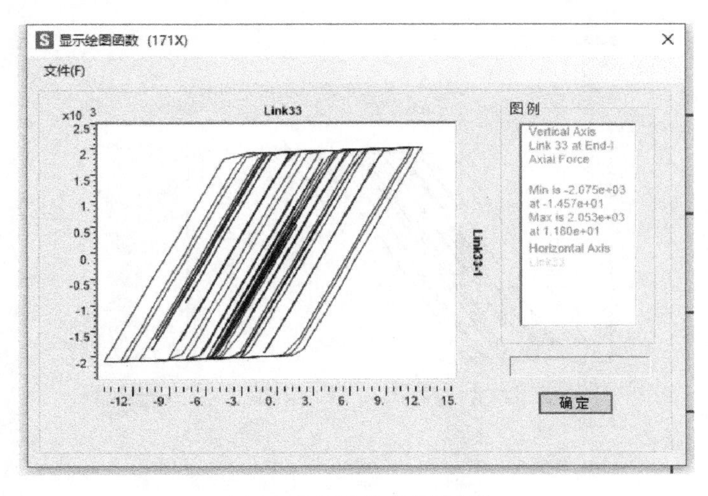

(a) T1 号波下 X 向滞回曲线

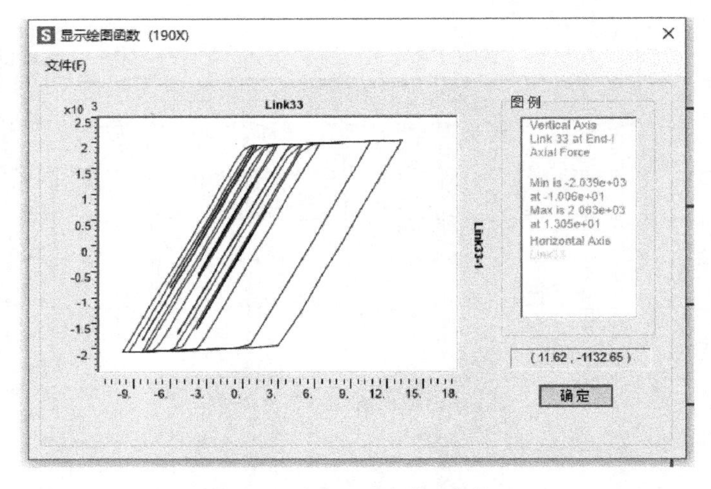

（b）T2 号波下 X 向滞回曲线

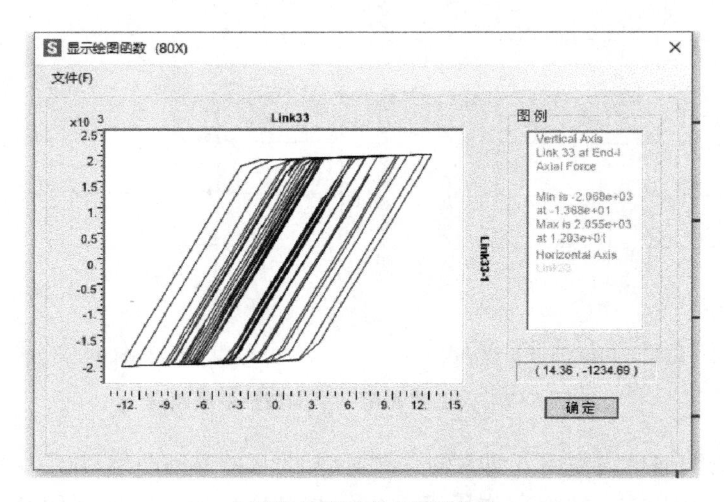

（c）T3 号波下 X 向滞回曲线

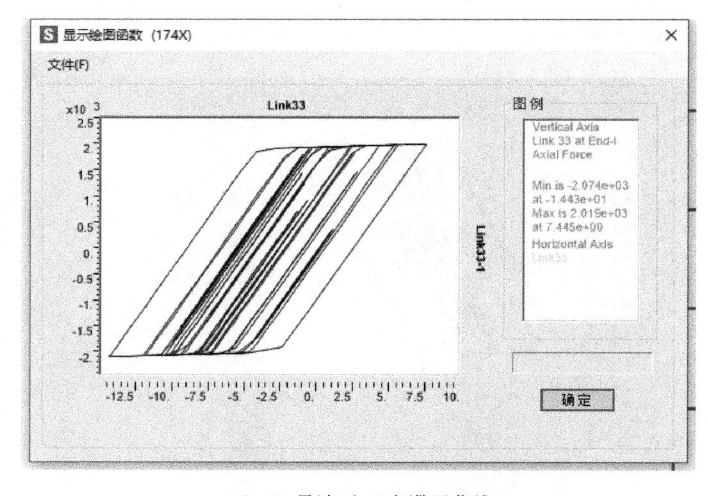

（d）T4 号波下 X 向滞回曲线

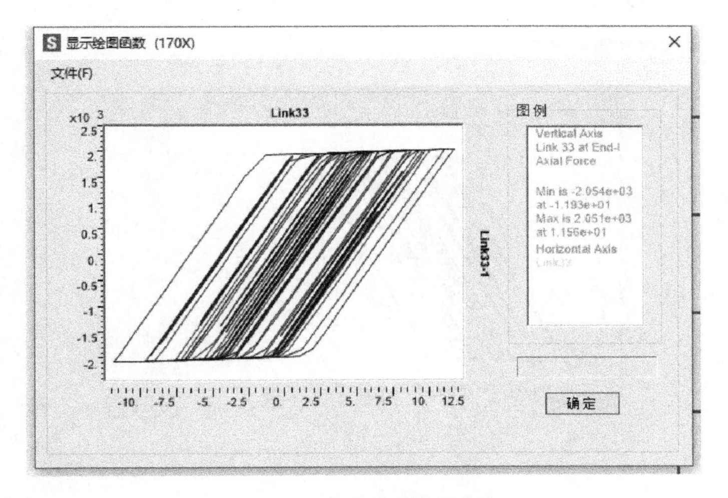

(e) T5 号波下 X 向滞回曲线

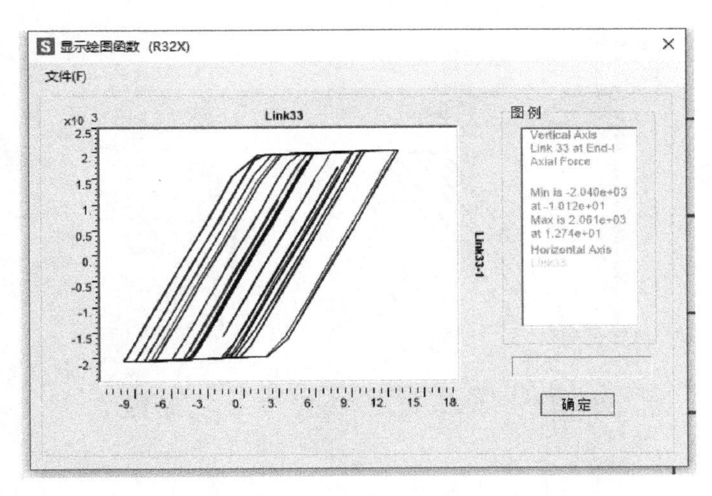

(f) R1 号波下 X 向滞回曲线

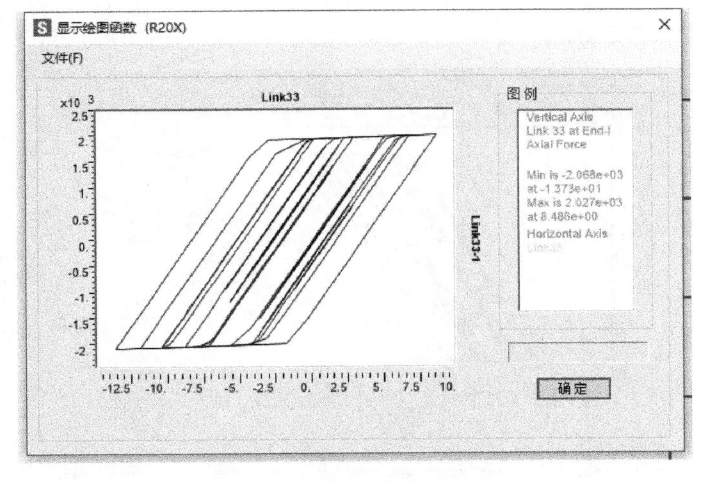

(g) R2 号波下 X 向滞回曲线

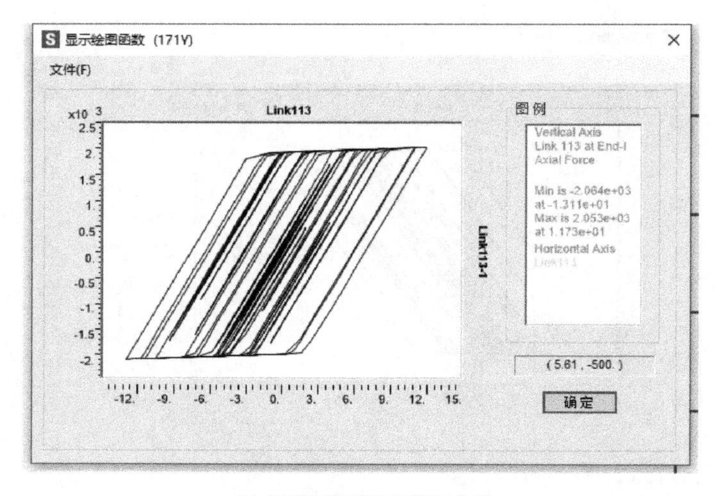

(h) T1 号波下 Y 向滞回曲线

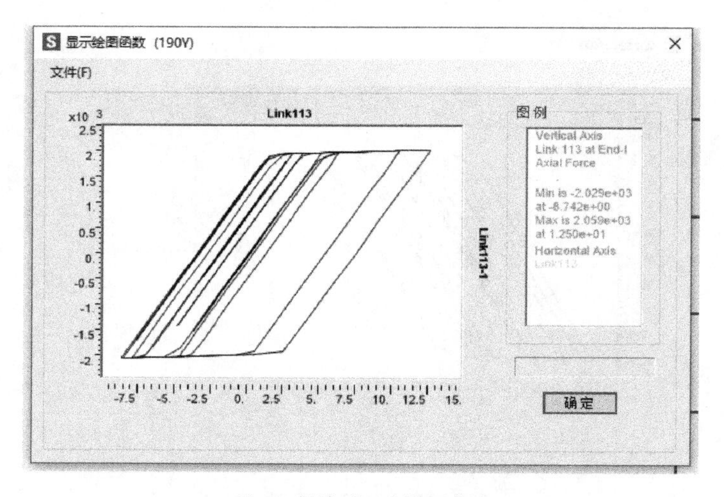

(i) T2 号波下 Y 向滞回曲线

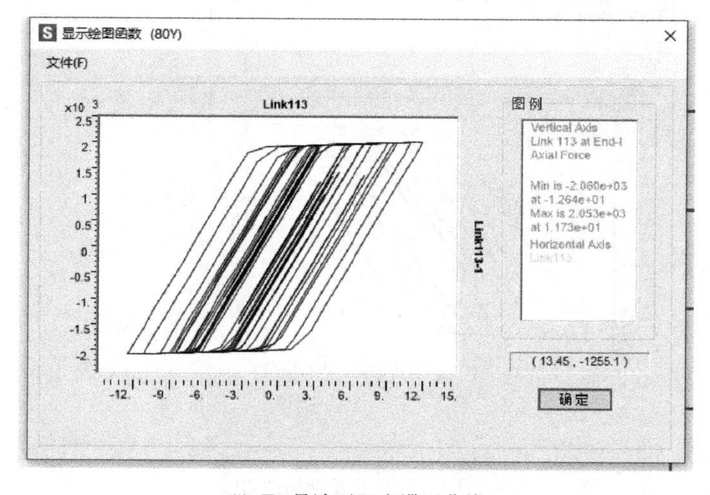

(j) T3 号波下 Y 向滞回曲线

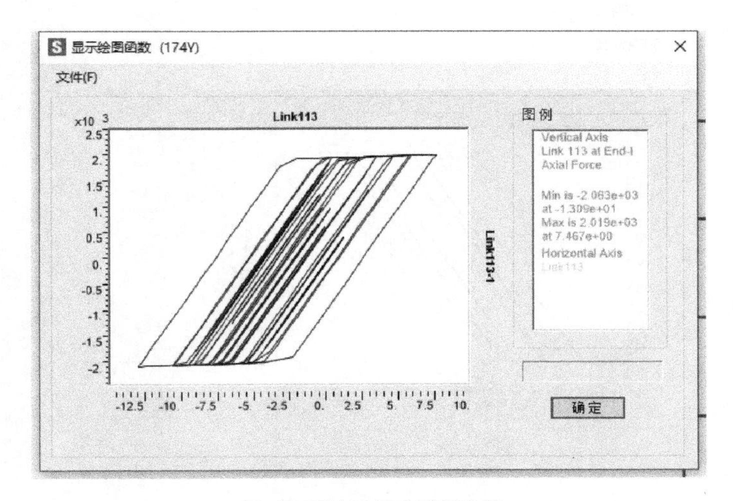

(k) T4 号波下 Y 向滞回曲线

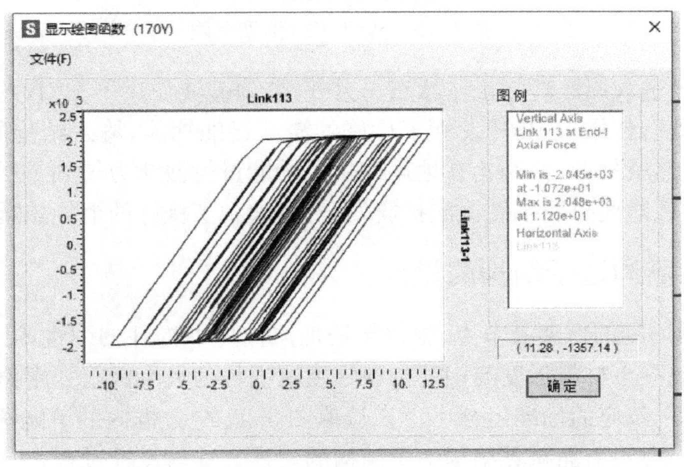

(l) T5 号波下 Y 向滞回曲线

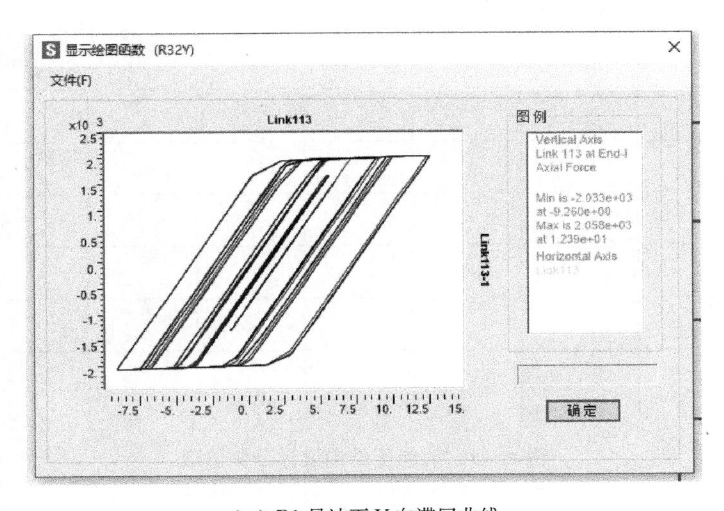

(m) R1 号波下 Y 向滞回曲线

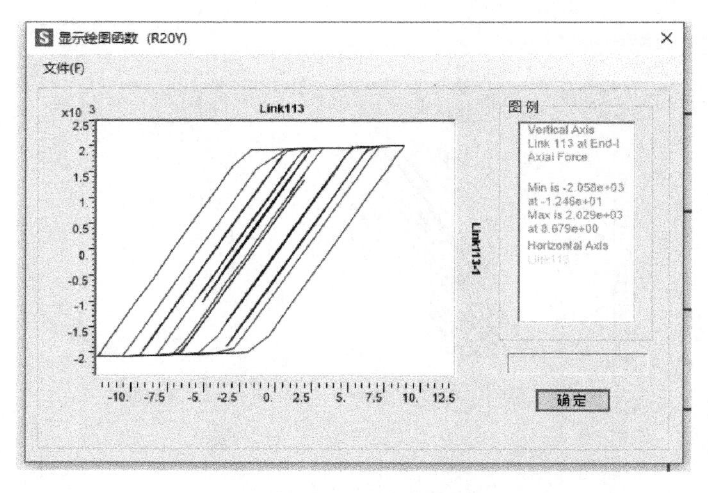

(n) R2 号波下 Y 向滞回曲线

图 5-10 典型 BRB 滞回曲线

表明此时 BRB 已进入屈服耗能工作状态。另外，各地震波作用下 BRB 的滞回曲线对称、饱满，表明罕遇地震作用下 BRB 发挥了良好的滞回耗能功能，输入结构的地震能量在一定程度上被阻尼器所耗散，使结构在地震作用下的能量耗散能力得到了增强，阻尼器作为结构的第一道抗震防线提高了结构的抗震安全性，起到了良好的消能减震效果。

5.1.11 消能器周边子结构的设计

BRB 阻尼器周围的框架及节点，根据罕遇地震作用下构件的弹性内力进行配筋设计和验算，相应的混凝土材料强度与钢筋材料强度取值均为最小极限强度值，荷载组合采用考虑罕遇地震作用效应的标准组合[21-22]。选取图 5-11 中方框内的消能子结构梁、柱构件作为设计示例，来说明消能减震结构中子结构的设计方法与设计过程。

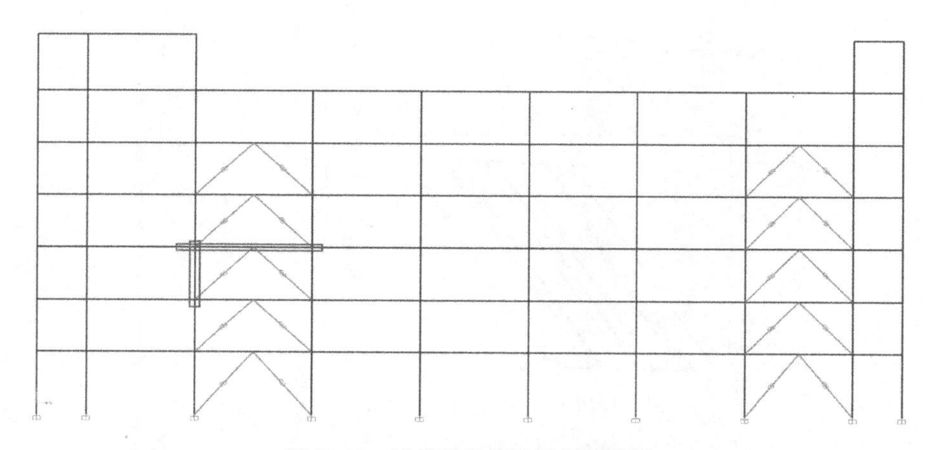

图 5-11 消能子结构设计示例选取

1. 子结构框架梁设计

图5-11中框架梁截面尺寸为400 mm×700 mm，其最大受力为：剪力$V=351$ kN，弯矩$M=1\ 141$ kN·m。

1）抗弯承载力计算

考虑到地震作用的往复特性对子结构框架梁的弯矩作用效应，梁的配筋按照对称配筋进行。根据《混凝土结构设计规范》（GB 50010—2010）6.2.10条的规定，钢筋采用HRB500，则$f_{yk}=f_{yk}'=625$ MPa，混凝土强度等级为C30，$f_{ck}=26.4$ MPa，$\alpha_1=1.0$，$a_s=a_s'=60$ mm，$h_0=640$ mm。

$$\alpha_s=\frac{M}{\alpha_1 f_{ck}bh_0^2}=\frac{1141\times10^6}{1.0\times26.4\times400\times640^2}=0.264$$

$$\varepsilon=1-\sqrt{1-2\alpha_s}=1-\sqrt{1-2\times0.221}=0.252$$

其中b表示梁宽。

钢筋的面积为：

$$A_s=A_s'=\varepsilon bh_0\frac{\alpha_1 f_{ck}}{f_{yk}}=0.252\times400\times640\times\frac{1.0\times26.4}{625}=2\ 725\ (\text{mm}^2)$$

受拉钢筋的配筋率ρ_s为

$$\rho_s=\frac{2\ 725}{400\times640}=1.06\%<2.5\%$$

满足《建筑抗震设计规范》6.3.4条的规定，不超筋。

2）抗剪承载力计算

消能子结构框架梁钢筋采用HRB400，$f_{yvk}=360$ MPa，混凝土强度等级为C30，$f_{ck}=26.4$ MPa，箍筋直径采用12 mm，间距取为100 mm，箍筋肢数为四肢箍。根据《混凝土结构设计规范》11.3.3条规定，对于跨高比大于2.5的框架梁，剪压比应满足下列要求：

$$\frac{1}{\gamma_{RE}}(0.2f_{ck}bh_0)=\frac{1}{0.85}\times(0.20\times26.4\times400\times640)=1\ 590\ (\text{kN})>V=315(\text{kN})$$

式中：γ_{RE}表示抗震承载能力调整系数。经验算，截面尺寸符合最小截面限制条件。根据《混凝土结构设计规范》11.3.4条规定，抗剪承载力应满足下列要求：

$$\frac{1}{\gamma_{RE}}\left(0.6\alpha_{cv}f_t bh_0+f_{yvk}\frac{A_{sv}}{s}h_0\right)=\frac{1}{0.85}\times\left(0.6\times0.7\times2.01\times400\times640+360\times\frac{4\times113}{100}\times640\right)=1\ 479(\text{kN})>V=351(\text{kN})$$

其中，α_{cv}为截面混凝土受剪承载力系数，s为箍筋间距，f_t为混凝土轴心抗性强度设计值，A_{sv}表示箍筋截面面积。

经验算，抗剪承载力满足要求。

2. 子结构框架柱设计

1）抗弯承载力计算

根据《混凝土结构设计规范》（GB 50010—2010）第4章及其条文说明第4.1.3条和第

M. 1. 2 条第 4 款，可确定材料强度的标准值和最小极限值。结合《混凝土结构设计规范》(GB 50010—2010)第 6. 2. 15 条，可确定一个已知柱截面的 P-M-M 曲线。将未设置塑性铰的框架柱的内力作为荷载作用效应，提取框架柱在罕遇地震作用下的受力结果，可得到框架柱在地震波各个时刻所受的轴力 P 和两主轴方向的弯矩 M_x、M_y，将 P-M 关系值描述在子结构框架柱截面的 P-M-M 曲线图上，如图 5-12 所示，子结构框架柱所受各个力均在其 P-M-M 曲线内，截面配筋设计完成。

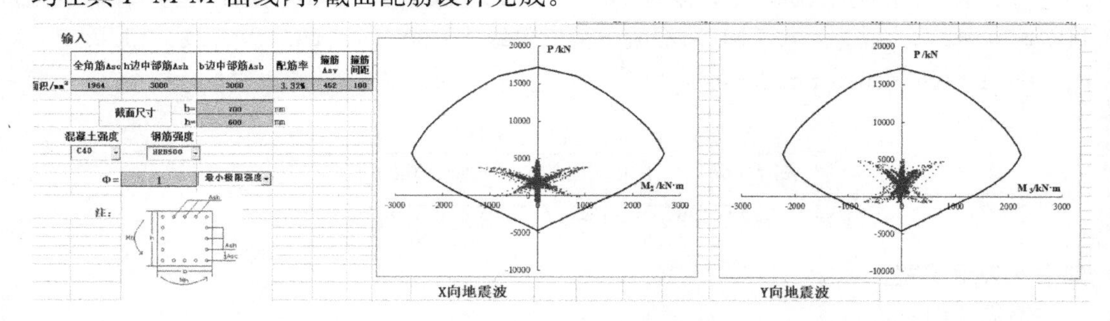

图 5-12　消能子结构框架柱 *P-M* 曲线

2) 抗剪承载力计算

消能子结构框架柱钢筋采用 HRB500，$f_{yvk}=500$ MPa，混凝土强度等级为 C40，$f_{ck}=35.2$ MPa，箍筋直径 12 mm，间距取为 100 mm，箍筋采用四肢箍，子结构柱截面尺寸为 $b\times h=700$ mm$\times$600 mm，最大剪力为 $V=633$ kN，轴力为 $P=-859$ kN，根据《混凝土结构设计规范》[GB 50010—2010(2015 年版)]11. 4. 6 条规定，当剪跨比 λ 大于 2 时，消能子框架柱截面尺寸应满足下列条件

$$\frac{1}{\gamma_{RE}}(0.2f_{ck}bh_0)=\frac{1}{0.85}\times(0.2\times35.2\times700\times540)=3\ 130(\text{kN})>633(\text{kN})$$

经验算，消能子框架柱截面最小尺寸满足要求。根据《混凝土结构设计规范》[GB 50010—2010(2015 年版)]11. 4. 7 条规定，消能子框架柱承载力应满足下列条件

$$\frac{1}{\gamma_{RE}}\left[\frac{1.05}{\lambda+1}f_{tk}bh_0+f_{yvk}\frac{A_{sv}}{s}h_0+0.056N\right]=1\ 852(\text{kN})>V=633(\text{kN})$$

式中，f_{tk} 表示混凝土抗拉强度标准值；s 表示箍筋间距；N 表示轴向力设计值。经验算，抗剪承载力满足要求。

5. 1. 12　小结

本节对结构的整体模型进行了弹性和弹塑性时程分析，采用不同地震波分析了结构在以 X 向和 Y 向地震波为主地震输入时结构的抗震性能，结果总结如下：

(1) 多遇地震作用下，结构主体保持弹性，BRB 在多遇地震作用下仅提供附加抗侧刚度，因此也保持弹性工作状态。

(2) 罕遇地震作用下构件开始进入塑性，框架梁优先出现塑性铰，而后框架柱出现柱端塑性铰。结构总体满足“强柱弱梁”的抗震概念要求。

(3) 结构在罕遇作用下，只有部分构件进入塑性工作状态，出现塑性铰。结构层间位移角为：X 向最大为 1/181，Y 向为 1/179。表明结构附设了 BRB 后，具有良好的抗震耗能机制，提高了抗震安全性，达到了预期的消能减震目标。

(4) 罕遇地震作用下，各 BRB 均进入塑性滞回耗能状态，发挥了良好的滞回耗能作用，为主体结构提供了良好的抗震安全保障，充当了结构抗震的第一道防线。

5.2　速度型阻尼器减震结构设计

5.2.1　工程概况

项目位于云南省曲靖市，建筑用途为血浆站，结构形式为框架结构，上部结构主体为地上 3 层。由于位于高烈度地区，应充分重视建筑结构的抗震性能，尤其是罕遇地震下结构的抗倒塌性能，为了提高该结构地震作用下的安全性，采用减震设计加强结构的抗震性能。结构设计参数如下：

结构设计使用年限：50 年。

建筑物抗震设防分类：重点设防类(乙类)。

建筑物抗震设防：7 度，基本地震加速度 0.15g，地震分组为第三组。

建筑场地类别：Ⅲ类。

建筑物抗震等级：框架抗震等级为 2 级。

附加阻尼比：设防地震下 3%。

5.2.2　结构抗震设计思路

1. 设计原则

(1) 消能减震设计的要求为：多遇地震作用下，建筑结构须完全保持弹性，且非结构构件无明显损坏；设防地震作用下，建筑结构须基本保持弹性，满足正常使用要求；罕遇地震作用下，建筑结构消能减震器系统的功能仍能正常发挥。

(2) 消能减震设计主要依据预期的水平地震力、位移控制要求及耗能等参数，估算出减震结构所需的附加刚度和附加阻尼比需求，并据此选择合适的消能减震器型号，并将其配置在适当的位置。

(3) 将消能减震器配置在层间相对位移或相对速度较大的楼层，同时采用合理的连接形式增加消能减震器两端的相对变形或相对速度，提高消能减震器的减震效率。

(4) 消能子结构梁、柱和墙截面的设计要考虑消能减震器在极限位移或极限速度下的阻尼力作用。

(5) 对含消能减震器的结构进行整体分析，包括各不同水准地震作用下结构的弹性分析及弹塑性分析。

(6) 消能减震器与主结构之间的连接部件需适当设计，使其在罕遇地震作用下仍维持弹性或不屈状态。

2. 设计思路

(1) 主体结构:以强柱弱梁、强剪弱弯的原则贯穿消能减震设计及后续的施工图设计,楼梯部分配筋和连接均按规范要求进行加强。针对结构单元平面形状不规则的情况,根据《建筑抗震设计规范》(GB 50011—2010),位移必须满足较规范稍严格的要求,尽量满足规范不宜大于 1.2 的要求,但不应大于 1.4 的限制。竖向规则、侧向刚度和楼层承载力不发生突变,无薄弱层出现。

(2) 消能减震部件:采用黏滞阻尼器作为消能减震部件,主要为结构提供一定的附加阻尼比,从而在一定程度上降低输入结构的地震作用。根据消能减震器的设计方案进行计算,将结构总阻尼比提高至预定值(采用消能减震器后,各水准地震作用下,减震器提供附加阻尼比)。初步设计所得结果表明,原来按常规方法直接进行抗震设计所遇到的一些抗震性能指标超限的问题均得到较好的解决。虽然减震器会在一定程度上增加额外的建设成本,但是提高了结构安全性,增强了建筑物的抗震能力,改善了建筑的使用环境,同时消能减震器的设置也使结构的钢筋及混凝土的用量相应减少,减少了结构主体部分的造价。

3. 消能减震设计方案

消能减震结构主要是通过设置消能减震装置,控制结构在不同水准地震作用下的预期变形,从而达到不同等级的抗震设防目标。

采用消能减震技术之所以能提高建筑结构的抗震性能,是因为消能减震器在建筑抗震加固中起到了关键作用,因此,如何比较准确地评估消能减震器的减震作用,是减震结构设计的首要问题。在进行减震结构设计时,引入附加阻尼比可以在新的减震设计和传统抗震设计之间建立一座相互连通的桥梁。由此,就能有效地利用熟知的抗震设计方法来解决减震设计中的新问题。在进行减震结构承载力设计时,可以根据附加阻尼比来考虑消能减震器的作用,从而确定减震后的地震作用,减震效果可通过减震前后的结构位移、楼层剪力等指标的变化来体现。

针对本项目,具体设计内容主要包括:

(1) 确定 YJK 软件中结构的附加阻尼比,确定消能减震器参数和数量,以及消能减震器的安装位置及型式;

(2) 计算附设减震器的减震结构在设防地震作用下的结构响应;

(3) 进行设防地震作用下的弹性时程分析,复核附加阻尼比;

(4) 在罕遇地震作用下,进行弹塑性位移验算,对承载力不足的构件进行相应调整,最后完成与阻尼器相连的连接构件和结构构件的设计。

5.2.3 黏滞阻尼器性能检验要求[23]

根据《建筑抗震设计规范》(GB 50011-2010)第 12.3.6 条的要求,黏滞阻尼器性能检验应符合下列规定:"对黏滞流体消能器,由第三方进行抽样检验,其数量为同一工程同一类型同一规格的 20%,但不少于 2 个,检测合格率为 100%,检测后的消能器可用于主体结构。对速度相关型消能器,在消能器设计位移和设计速度幅值下,以结构基本频率往复循环 30 圈后,消能器的主要设计指标误差和衰减量不应超过 15%。"

根据《建筑消能减震技术规程》(JGJ 297—2013)第 5.6.1 条第 1 款,对于黏滞阻尼器，抽检数量不少于同一工程同一类型同一规格数量的 20%，且不应少于 2 个，检测合格率为 100%，则该批次产品可用于主体结构。检测合格后，消能器若无任何损伤、力学性能仍满足正常使用要求时，可用于主体结构。同时，《建筑消能减震技术规程》(JGJ 297—2013)第 5.6.1 条的条文说明中，明确规定对于可重复利用的黏滞阻尼器，抽检数量适当增多，抽检的消能器在各项性能参数都能满足设计要求时，抽检后可应用于主体结构。基于安全考虑，黏滞阻尼器的抽检数量相对于其他类型的消能器数量应有所增加，该规程条文中给出的抽检数量不少于同一工程同一类型同一规格数量的 20%，且不少于 2 个是对于丙类建筑的最低标准要求，对于乙类建筑抽检数量应不少于同一工程同一类型同一规格数量的 50%；对于甲类建筑抽检数量应为消能器数量的 100%。

根据《建筑消能阻尼器》(JG/T 209—2012)第 8.2.1 条规定，黏滞阻尼器出厂检验的项目如下："黏滞阻尼器产品的性能应根据 6.2.3 的要求，按 7.2.3 的规定进行检验。抽样检验数量为同一工程、同一类型、同一规格数量，标准设防类取 20%，重点设防类取 50%，特殊设防类取 100%，但不应少于 2 个，检验合格率应为 100%。"被检测产品各项检验指标实测值在设计值的±10%以内，判为合格且可用于主体结构。

综合上述规范、规程所述，黏滞阻尼器的性能检验应从严执行。

5.2.4 结构减震目标和性能目标

根据前文介绍的消能减震结构的性能目标确定相应构件的设计方法及依据，该项目在多遇地震和罕遇地震作用下的减震目标，以及与消能减震器相连的构件和节点的性能目标及设计方法，如表 5-10 所示。由表 5-10 可知，结构在设防地震下的层间位移角按照 1/400 进行控制，以保证结构在设防地震作用下能保持正常使用，在罕遇地震作用下的层间位移角按照 1/100 进行控制，以控制结构在罕遇地震作用下的损伤程度，两者均低于《建筑抗震设计规范》中相应的钢筋混凝土框架结构的层间位移角限值。对于主体结构，在多遇地震作用下全楼应保持弹性工作状态，设计时荷载组合采用与抗震等级相关的调整系数的基本组合，且材料强度采用设计值，在设防地震作用下主体结构保持屈服工作状态，此时荷载组合按云南省《建筑消能减震应用技术规程》5.3.8～5.3.13 条的相关规定采用。对于消能器连接部件，按照罕遇地震作用下保持弹性工作的性能目标进行设计，即根据消能器极限位移对应的极限阻尼力作用下消能部件的内力进行相关设计，且材料强度同样采用设计值。对于消能器周边的框架以及节点，按满足罕遇地震作用下的极限承载能力进行校核设计，即根据罕遇地震作用下构件的弹性内力进行配筋设计或验算，此时的材料强度采用最小极限强度值。

表 5-10 结构减震目标和性能目标

<table>
<tr><th colspan="5">减震目标</th></tr>
<tr><th>结构类别</th><th>项目</th><th colspan="2">规范要求</th><th>减震目标</th></tr>
<tr><td rowspan="2">钢筋混凝土框架结构</td><td rowspan="2">层间位移角</td><td>设防(5%+附加值 3%)</td><td>1/400</td><td>1/400</td></tr>
<tr><td>罕遇</td><td>1/50</td><td>1/100</td></tr>
</table>

续表

减震目标			
性能目标			
名称	项目	性能目标	设计方法
主体结构	多遇地震	全楼完全弹性	工况组合采用考虑各种系数的设计组合，材料强度采用设计值
	设防地震	不屈服	按云南省地方标准《建筑消能减震应用技术规程》(DBJ 53/T—125—2021)5.3.8～5.3.13 条的相关规定设计，地震作用采用标准值，材料强度采用标准值
消能部件	阻尼器支撑	罕遇地震下保持弹性	以消能器极限位移对应的阻尼力作用于支撑构件，进行相关的设计，材料强度采用设计值
	周围子框架	罕遇地震下不超过极限承载力	根据罕遇地震下构件的弹性内力进行配筋，材料强度采用极限值

5.2.5 阻尼器平面布置图

与位移型阻尼器的布置原则相同，在楼层平面内，阻尼器仍然按照“均匀、分散、对称”的原则进行布置，且同时布置在结构的两个主轴方向(X 向和 Y 向)，以保证结构在两个主轴方向有相近的动力特性。本项目中，阻尼器主要布置在填充隔墙及楼梯间处，以减小阻尼器对建筑功能的影响。值得注意的是，当阻尼器布置在外墙位置处时，建议将其放置在外墙内侧，以提高和保证其耐久性能，楼梯间位置处的阻尼器布置应当避免与梯梁和梯柱产生空间位置的冲突。本项目阻尼器的详细布置位置如图 5-13 所示。

5.2.6 减震器支撑件的刚度计算

1. 悬臂墙刚度计算[24]

本项目采用的黏滞阻尼器的连接方式为墙式连接，即黏滞阻尼器的支撑件是半片悬臂墙，因此支撑件沿阻尼器消能方向的等效刚度计算如下：

单片悬臂墙的弯曲刚度 K_b：

$$K_b = \frac{3EI}{l^3} \tag{5-7}$$

单片悬臂墙的剪切刚度 K_s：

$$K_s = \frac{GA}{\lambda l} = \frac{0.4EA}{\lambda l} \tag{5-8}$$

单片悬臂墙的等效刚度 K_{eq} 满足以下关系式：

$$\frac{1}{K_{eq}} = \frac{1}{K_b} + \frac{1}{K_s} \tag{5-9}$$

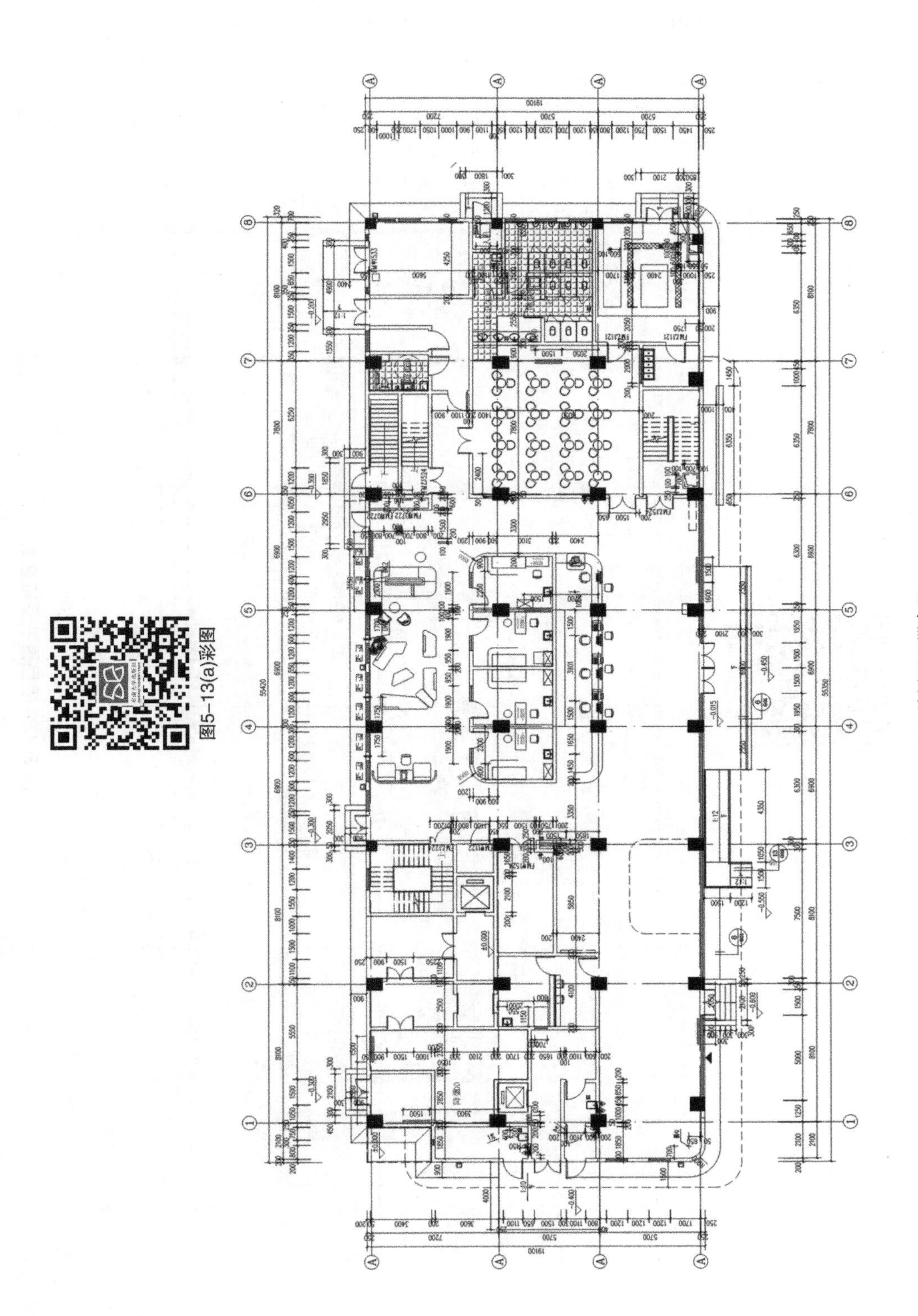

图5-13(a)彩图

(a) 首层阻尼器布置

图5-13(b)彩图

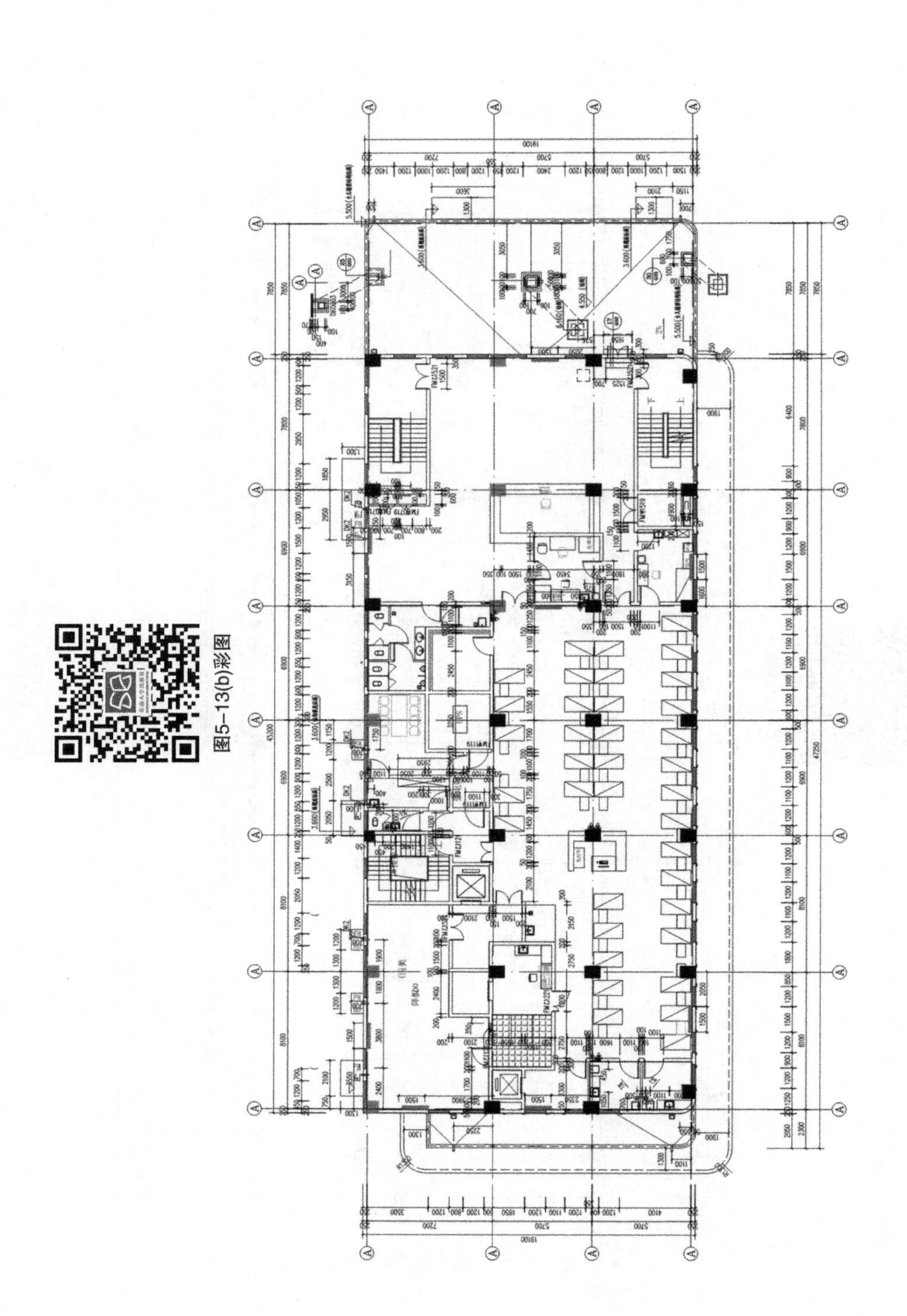

(b) 二层阻尼器布置

图 5-13　阻尼器平面布置图

式中，E 为悬臂墙混凝土的弹性模量，G 悬臂墙混凝土的剪切模量，I 为悬臂墙的惯性矩，A 为悬臂墙的面积，l 为悬臂墙的长度，λ 为深梁截面形状系数，一般矩形截面取 6/5。

2. 黏滞阻尼器的等效线性化[25-28]

由于非线性黏滞阻尼器理论公式计算较为复杂，为了便于指导实际工程，一般情况下可利用能量相等原理将其转化为线性理论公式，求出等效线性阻尼器系数，即

$$F_{\mathrm{eq}}=C_{\mathrm{eq}}v \tag{5-10}$$

式中，F_{eq} 为等效阻尼力，C_{eq} 为等效线性黏滞阻尼系数，根据能量等效原理可得

$$C_{\mathrm{eq}}=\frac{8}{3}c_1u_0\omega+\frac{2^{m+2}}{\pi}c_2u_0^{m-1}\omega^{m-1}\frac{\Gamma^2\left(\frac{m}{2}+1\right)}{\Gamma(m+2)} \tag{5-11}$$

式中，c_1 为 2 次项阻尼系数，一般取值为 0，c_2 为 m 次项阻尼系数，m 为阻尼速度指数，u_0 为阻尼器振幅，ω 为荷载圆频率，Γ 为伽马函数。

3. 阻尼器连接件刚度验算

根据《建筑抗震设计规范》(GB 50011—2010)和《建筑消能减震技术规程》(JGJ 297—2013)的要求，速度线性相关型消能器与斜撑、墙体（支墩）或梁等支撑构件组成消能部件时，支撑构件沿消能器消能方向的刚度应符合下式规定：

$$K_{\mathrm{b}}=6\pi C_{\mathrm{D}}/T_1 \tag{5-12}$$

式中，K_{b} 为支撑构件沿消能器消能方向的刚度，C_{D} 为消能器的线性阻尼系数，T_1 为消能减震结构的基本自振周期。

由于本项目采用的黏滞阻尼器为非线性黏滞阻尼器，因此需要转化为等效线性阻尼器来验算，如表 5-11 所示。从表中可以看出，悬臂墙刚度远大于黏滞阻尼器的动刚度，符合规范中对阻尼器连接件的刚度要求。

表 5-11　阻尼器连接件刚度验算

一阶周期 T_1/s	2 次项阻尼系数/C1[kN·(mm/s)$^{-\alpha}$]	阻尼指数 m	阻尼器振幅 u_0/m	m 次项阻尼系数 C_2/[kN·(mm/s)$^{-\alpha}$]	荷载圆频率 ω/Hz	等效线性阻尼系数 C_{eq}/[kN·(mm/s)$^{-\alpha}$]	悬臂墙刚度 K_{b}/(kN·m^{-1})	$6\pi C_{\mathrm{D}}/T_1$/(kN·m^{-1})
0.501 0	60	0.25	0.016 00	337	12.54	1 334	347 866	50 185

5.2.7　用不同软件建立的模型的对比

该建筑为钢筋混凝土框架结构体系，可采用大型有限元分析软件 SAP2000 建立结构模型，并进行计算与分析。SAP2000 软件具有方便灵活的建模、模拟功能和强大的线性和非线性动力分析功能。SAP2000 三维计算模型如图 5-14 所示，此模型根据 YJK 模型得到。

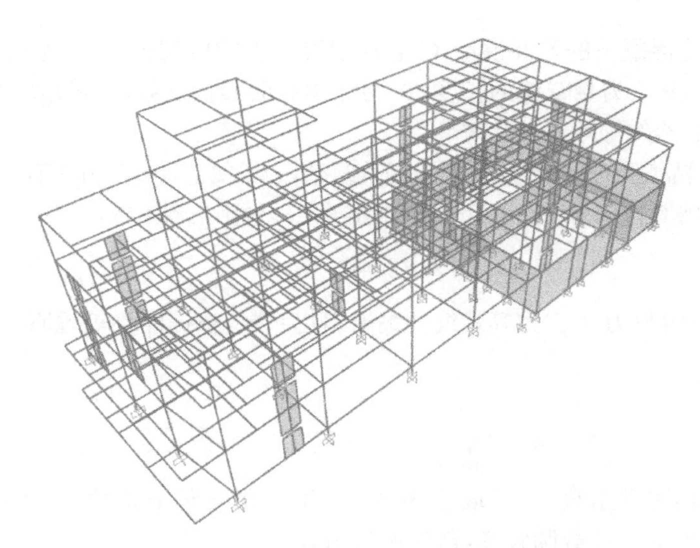

图 5-14 SAP2000 三维模型

为了校核所建立的有限元结构分析模型的准确性，将采用 SAP 2000 和 YJK 建立的非减震结构模型计算得到的质量、前三阶周期和振型分解反应谱法下的层间剪力进行对比，如表 5-12 所示。

表 5-12 不同软件模型计算指标对比

	结构质量/t	自振周期/s			基底剪力/kN	
		1 阶	2 阶	3 阶	X 向	Y 向
SAP2000	6 952	0.501	0.480	0.389	13 907	13 794
YJK	6 766	0.520	0.496	0.402	14 932	14 265
误差/%	2.75	3.65	3.23	3.23	6.86	3.30

从表 5-12 可以看出，两款软件建立的模型质量误差为 2.67%，前三阶周期的误差分别为 3.57%、3.19%与 3.04%，两主轴方向的基底剪力误差分别为 6.86%与 3.3%。不难发现，结构质量指标和自振周期指标的误差均控制在 5%以内，而基底剪力误差指标误差小于 10%。因此，用于减震分析计算的 SAP2000 模型与 YJK 模型，在结构质量、周期和基底剪力方面的差异很小，两模型基本上是一致的，可用于设防地震及罕遇地震作用下的弹塑性时程分析。

5.2.8 符合云南省地标要求的地震波选取

根据《云南省建筑消能减震设计与审查技术导则》第 4.1.7 条，采用时程分析法分析时，应按建筑场地类别和设计地震分组选取 7 组或以上的实际强震记录和人工模拟的加速度时程曲线，其中实际强震记录数量不应少于总数的 2/3，不宜均采用同一地震事件，多组时程曲线的平均地震影响系数曲线应与振型分解反应谱法采用的地震影响系数曲线在统计意义上相符。进行弹性时程分析时，每条时程曲线计算所得主体结构底部剪力不应小于振型分解反应谱法计算结果的 80%，多条时程曲线计算主体结构底部剪力的平均值不应小于振型分解反应谱法计算结果的95%。同一场地上动力特性接近的结构单元，宜采用同一组时程曲线。按照上述原则选取得到的5条天然地震波和2条人工波的时程曲线及反应谱曲线如图5-15及图5-16所示。从图中可以看出，规范反应谱曲线与时程反应谱曲线在结构主要周期点上的地震影响系数值均较为接近，两者的频谱特性也较为一致，表明所选地震波符合规范的选波要求，可用于时程分析中结构抗震性能指标的考察与验算。7条地震波的详细信息如表5-13所示。

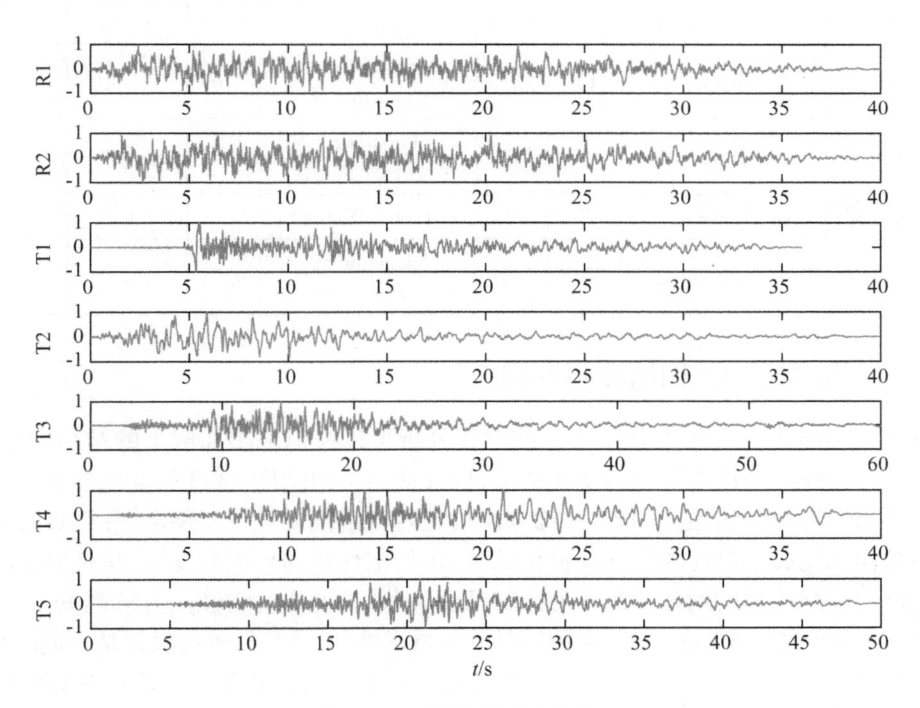

图5-15　地震波时程曲线

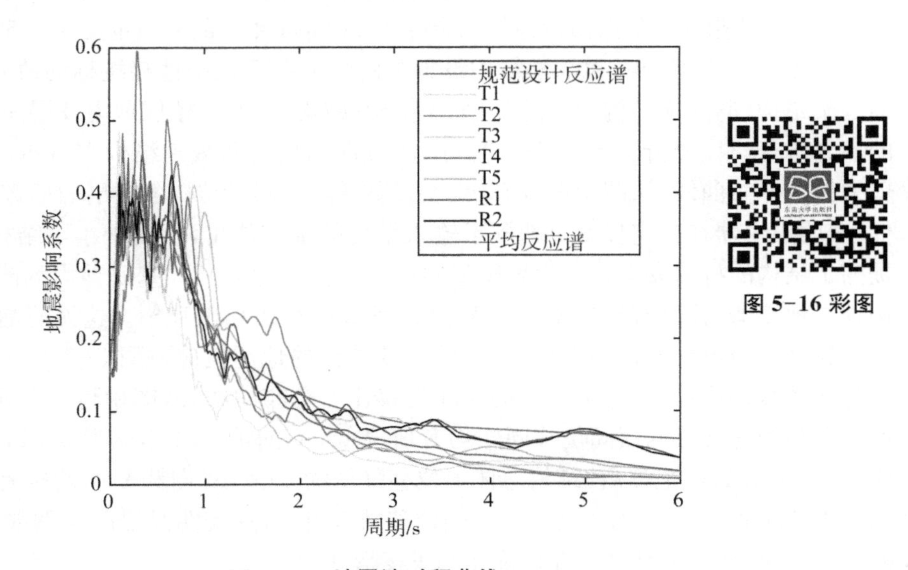

图5-16 彩图

图5-16　地震波时程曲线

表 5-13　时程分析地震波信息

时程名称	编号	地震事件	方向	发震时间	测震台站	采集间隔	设防地震加速度峰值/(mm·s^{-2})	罕遇地震加速度峰值/(mm·s^{-2})
R1	ACC66	人工波 1	—	—	—	0.02	1 500	3 100
R2	ACC70	人工波 2	—	—	—	0.02	1 500	3 100
T1	45 号	Imperial Valley - 06	FN	1979	Compuertas	0.01	1 500	3 100
T2	64 号	Coalinga - 01	FP	1983	Parkfield - Cholame 3E	0.01	1 500	3 100
T3	149 号	Big Bear - 01	FN	1992	Hesperia - 4th & Palm	0.01	1 500	3 100
T4	213 号	Northridge - 01	FN	1994	Carson - Water St	0.01	1 500	3 100
T5	417 号	Hector Mine	FN	1999	Castaic - Old Ridge Route	0.01	1 500	3 100

5.2.9　设防地震作用下的时程分析

消能减震结构在设防地震作用下的时程分析可以模拟地震加载下的结构响应，提供准确的位移、速度、加速度等参数变化情况，以评估结构的刚度、强度和耗能能力。这有助于掌握结构在地震中的性能表现，并确定结构是否符合抗震设计的要求，并且还可以预测和评估结构在地震中出现的破坏及损伤情况，包括塑性铰的形成与发展、构件开裂与破坏等。通过时程分析对结构破坏的情况进行预测，评估结构的抗震性能与抗震安全性，并根据计算结果进行必要的加强处理，可提高结构的抗震性能。同时，也可以评估不同结构参数对结构地震响应的影响，如材料性质、构造形式和消能减震装置等。可采用 SAP2000 大型有限元软件建立分析模型，梁、柱构件配筋采用 YJK 软件中的计算配筋结果，采用 Damper 单元模拟黏滞阻尼器的滞回行为与耗能特性，Damper 单元的参数定义如图 5-17 所示。

为更加深入地分析和掌握结构设置黏滞阻尼器后抗震性能指标的改善情况，分别对纯框架结构(非减震结构)与黏滞阻尼器结构(减震结构)在楼层剪力及层间位移角等方面的差异进行对比分析。图 5-18(a)、(b)为减震结构与非减震结构在 X 向和 Y 向的层间剪力比值分布曲线，从图中可以看出，设置黏滞阻尼器后结构各楼层的地震剪力均有所降低，表明阻尼器在一定程度上耗散了输入结构的地震能量，从而减小了结构的地震需求，提高了结构的抗震安全性。设置阻尼器后，结构 X 向与 Y 向基底剪力均降低约 13%，结构顶层地震剪力降低最多，X 向和 Y 向分别降低约 15%和 16%。这说明黏滞阻尼器对结构有较好的地震剪力控制效果，能有效降低结构的地震反应。图 5-18(c)、(d)为减震结构与非减震结构在 X 向和 Y 向的层间位移比值分布曲线，从图中可以看出，设置黏滞阻尼器后结构各楼层的层间位移同样均有所降低，X 向最大位移比为 0.87，Y 向最大位移比为 0.84，设置阻尼器后，结构总体上位移降低约 20%，X 向和 Y 向的最大层间位移角分别为 1/614 和 1/630，均实现了设定的位移减震目标，这表明黏滞阻尼器能有效控制结构的位移反应，从而提高结构在地震作用下变形能力。

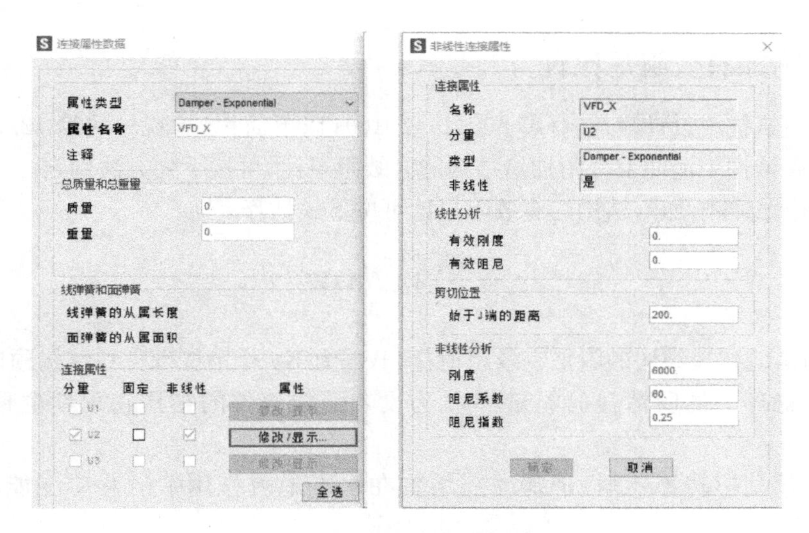

图 5-17　Damper 单元参数定义

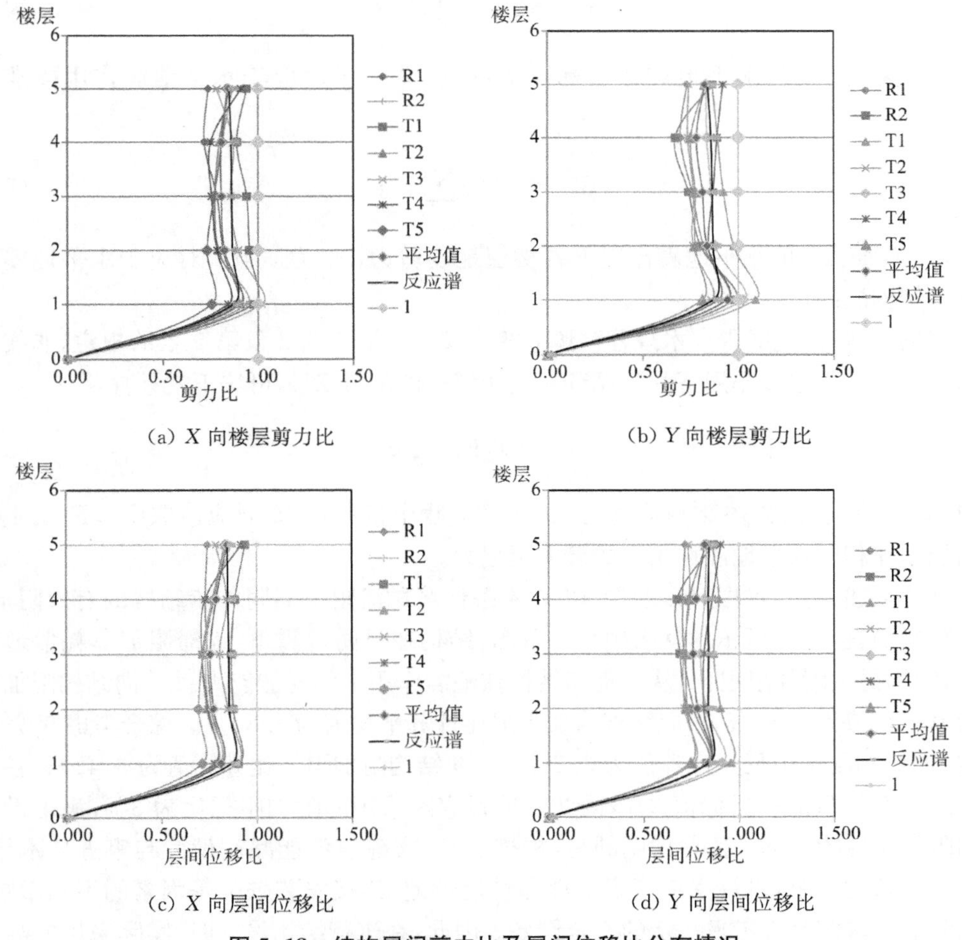

(a) X 向楼层剪力比　(b) Y 向楼层剪力比

(c) X 向层间位移比　(d) Y 向层间位移比

图 5-18　结构层间剪力比及层间位移比分布情况

5.2.10 附加有效阻尼比计算

根据《建筑抗震设计规范》(GB 50011—2010)(以下简称《抗规》)的第 12.3.4 条的规定，消能减震结构中消能部件附加给结构的有效阻尼比，可按下列方法确定。

(1) 消能部件附加给结构的有效阻尼比可按下式估算[29]：

$$\zeta_a = \sum_j W_{cj} / (4\pi W_s) \tag{5-13}$$

式中，ζ_a 为消能减震结构的附加有效阻尼比，W_{cj} 为第 j 个消能部件在结构预期层间位移 Δu_j 下往复循环一周所消耗的能量，W_s 为设置消能部件的结构在预期位移下的总应变能。

(2) 不计及扭转影响时，消能减震结构在水平地震作用下的总应变能，可按下式估算：

$$W_s = (1/2) \sum F_i u_i \tag{5-14}$$

式中，F_i 为质点 i 的水平地震作用标准值，u_i 为质点 i 对应于水平地震作用标准值的位移。

$$W_s = (1/2) \sum V_i x_i \tag{5-15}$$

式中，V_i 为质点 i 的水平地震作用下各楼层地震剪力，x_i 为质点 i 对应于水平地震作用下减震结构层间位移。

根据《建筑消能减震技术规程》(JGJ 297—2013)第 6.3.2 条第 5 款的规定，非线性黏滞消能器在水平地震作用下往复循环一周所消耗的能量 W_{cj}，可按下式计算：

$$W_{cj} = \lambda_1 F_{j\max} \Delta u_j \tag{5-16}$$

式中，λ_1 为阻尼指数，本项目取值为 3.70(按规程中指数 0.25 对应值取用)，$F_{j\max}$ 为第 j 个消能器在相应水平地震作用下的最大阻尼力。

基于上述方法，根据《抗规》第 12.3.4 条估算黏滞阻尼器附加给结构的有效阻尼比，计算结果如表 5-14 所示。从表中容易看出，结构在设防地震下，黏滞阻尼器耗散地震能量，为结构提供附加阻尼比，从而提高结构在地震作用下的耗能能力。X 向结构附加阻尼比计算平均值为 3.66%，Y 向结构附加阻尼比计算平均值为 3.80%。综合考虑 90%折减后，X 向结构附加阻尼比计算值为 3.29%，Y 向结构附加阻尼比计算值为 3.42%，各值仍大于附加有效阻尼比目标值 3%，因此本项目实际采用的附加阻尼比为 3%，满足设定的附加阻尼比性能目标。值得说明的是，根据《云南省建筑消能减震设计与审查技术导则》第 4.1.9 条的要求，设计中应考虑消能器性能偏差、连接安装缺陷等因素的不利影响，在附加阻尼比取值时应考虑一定的安全储备。因此，在进行结构设计时，实际采用的附加阻尼比不宜高于计算值的 90%。

表 5-14　结构附加有效阻尼比

X 方向附加有效阻尼比计算							
地震波	R1	R2	T1	T2	T3	T4	T5
结构总应变能/(kN・mm)	90 950	97 358	98 460	81 123	92 336	77 917	77 267
阻尼器总耗能/(kN・mm)	41 168	43 491	44 617	37 885	40 613	3 6748	37 529
附加阻尼比/%	3.60%	3.55%	3.61%	3.72%	3.50%	3.75%	3.87%
平均值/%	3.66%						
Y 方向附加有效阻尼比计算							
地震波	R1	R2	T1	T2	T3	T4	T5
结构总应变能/(kN・mm)	79 873	80 877	99 825	75 047	81 177	77 269	69 746
阻尼器总耗能/(kN・mm)	38 074	39 567	45 039	37 318	36 500	36 927	35 118
附加阻尼比/%	3.79%	3.89%	3.59%	3.96%	3.58%	3.80%	4.01%
平均值/%	3.80%						

5.2.11　设防地震作用下阻尼器出力及耗能

根据《云南省建筑消能减震设计与审查技术导则》第 4.1.2 条的要求，消能减震结构中设置消能器在楼层平面内的布置应遵循“均匀、分散、对称、周边”的原则，且应具有足够的数量。一般情况下，布置消能器楼层的数量，多层建筑不少于总层数的 1/2，高层建筑不少于 1/3，且在布置消能器的楼层中，消能器实际最大出力之和不低于楼层总剪力 15%的楼层不少于一半。表 5-15 为设防地震作用下结构各层阻尼器出力之和与各层地震剪力比值的分布情况，从表中数据可以看出，本项目布置阻尼器的楼层为 2 层和 3 层，其中第 3 层 X 向阻尼器出力之和与楼层剪力比值的平均值为 18.98%，第 3 层 Y 向阻尼器出力之和与楼层剪力比值的平均值为 19.02%，阻尼器出力之和占比不低于 15%的为结构的第 3 层，满足导则要求。

表 5-15　阻尼器出力与楼层剪力占比统计

楼层	X 方向阻尼器出力与楼层剪力占比/%							
	R1	R2	T1	T2	T3	T4	T5	平均值
5	0	0	0	0	0	0	0	0
4	0	0	0	0	0	0	0	0
3	19.56	20.72	18.28	18.65	18.29	18.26	19.12	18.98
2	13.30	13.24	12.78	13.12	12.97	13.47	14.55	13.35
1	0	0	0	0	0	0	0	0

续表

楼层	Y方向阻尼器出力与楼层剪力占比/%							
	R1	R2	T1	T2	T3	T4	T5	平均值
5	0	0	0	0	0	0	0	0
4	0	0	0	0	0	0	0	0
3	19.92	22.13	17.64	18.10	18.61	17.09	19.66	19.02
2	13.79	12.97	12.55	11.85	12.04	11.99	13.90	12.73
1	0	0	0	0	0	0	0	0

图 5-19 为设防地震作用下结构 X 向和 Y 向典型阻尼器的滞回曲线及结构能量时程分布曲线图，可以看出，阻尼器滞回曲线饱满，未出现强度及刚度退化现象，表明设防地震作用下阻尼器发挥了良好耗能作用，提高了结构在设防地震作用下的耗能能力，作为结构的第一道抗震防线，在地震作用下充当结构的“保险丝”，提高了结构的抗震安全储备。从结构能量时程分布曲线图中也可以看出，输入结构的地震能量绝大部分被阻尼器及结构自身的阻尼所耗散，并且黏滞阻尼器的耗能与结构本身阻尼比耗散的能量基本相当，表明结构设置阻尼器后，阻尼器耗散了相当一部分地震能量，从而提高了主体结构的抗震安全性。

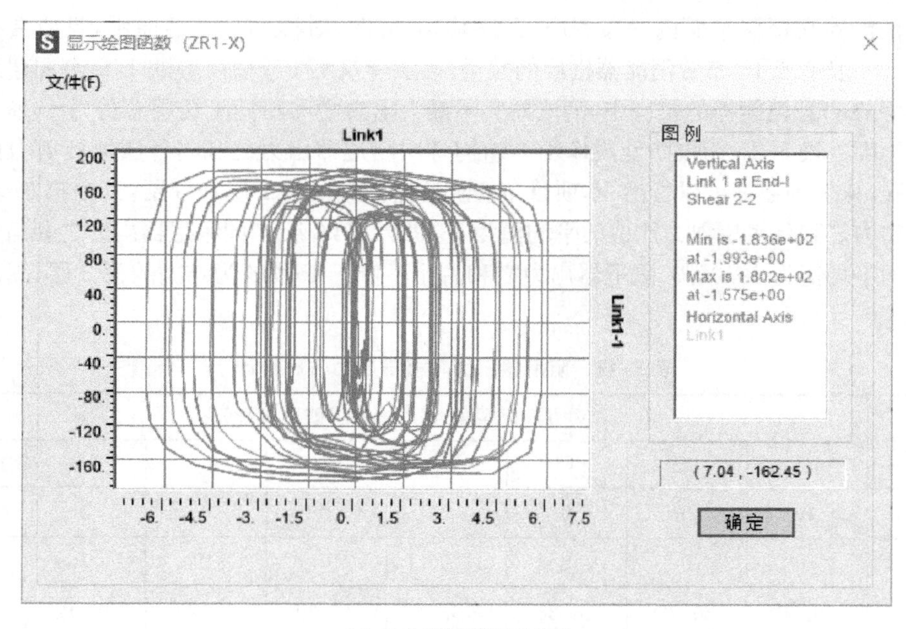

(a) X 向阻尼器滞回曲线

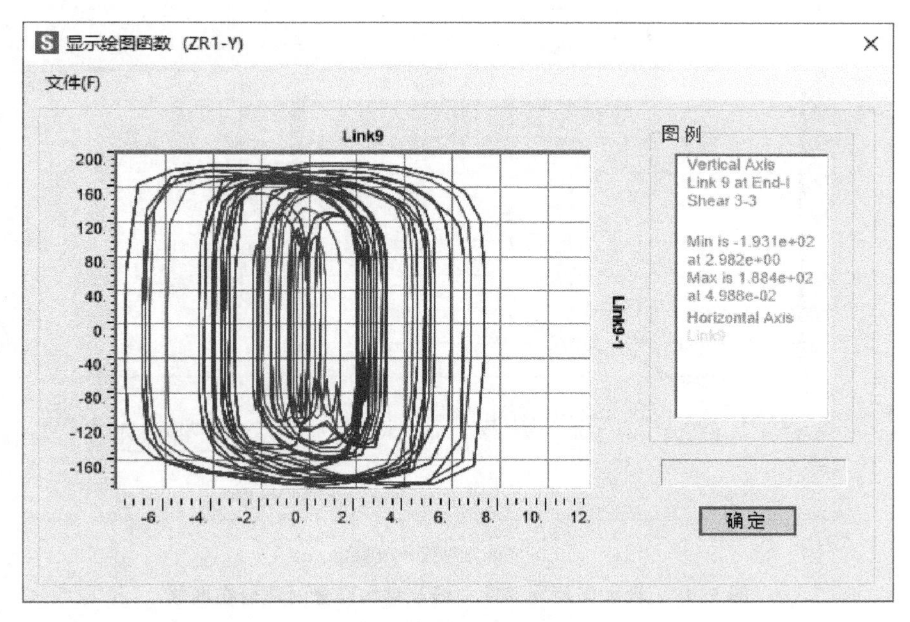

（b）Y 向阻尼器滞回曲线

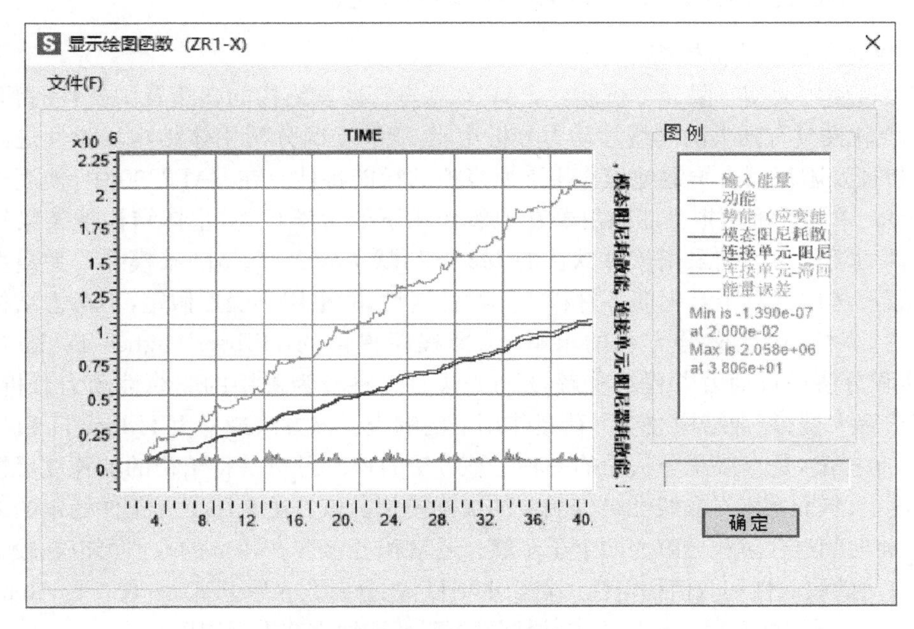

（c）X 向能量时程分布曲线

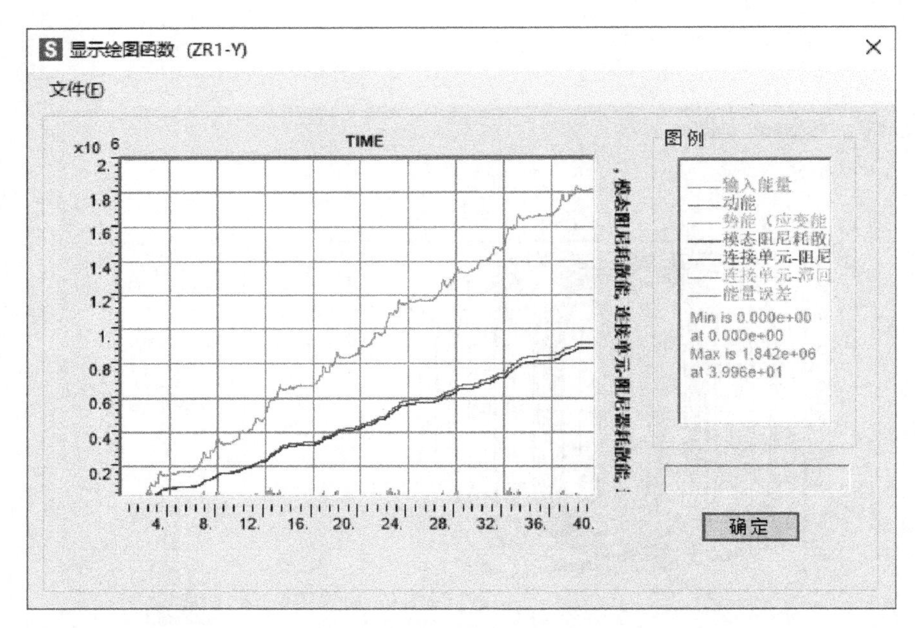

(d) Y 向能量时程分布曲线

图 5-19　典型阻尼器滞回曲线及结构能量时程分布曲线

5.2.12　罕遇地震作用下结构弹塑性时程分析

1. 建立弹塑性分析模型

该项目使用大型有限元分析软件 SAP2000 进行减震结构的建模及弹塑性时程分析。SAP2000 软件具有强大的非线性动力分析功能，能够准确分析主体结构从弹性进入塑性的变形特征及阻尼器在罕遇地震作用下所发挥的耗能特性。在 SAP2000 中，使用连接单元 Damper 单元准确模拟黏滞阻尼器在地震作用下的力学行为，主体结构框架梁柱构件的弹塑性力学行为分别采用软件默认的 M3 铰和默认的 P-M2-M3 来模拟。弹塑性时程分析过程要考虑混凝土及钢筋等材料的非线性属性，并采用小变形假定，不考虑结构的几何非线性。对于运动微分方程的求解，选择程序提供的 Hilber-Hughes-Taylor（HHT 法）逐步积分法进行动力方程的求解，HHT 法是一种较为常用的非线性动力分析方法，适用于求解大型、复杂结构在动力荷载作用下的响应。该方法最早由 Hilber H 和 Taylor 在 1977 年提出，是直接积分法中的一种。该方法的核心思想是将结构的加速度反馈到位移和速度上，从而实现对非线性结构响应的准确模拟。该方法采用了无条件稳定的中心差分格式，将时间迭代过程分解为两个子步骤。通常积分参数 β 和 γ 的取值可以在较大程度上影响算法的收敛性和数值稳定性。对于本项目，积分参数 β 取 0.25，γ 取 0.5，Alpha 系数取值为 0。在弹塑性时程分析过程中，根据规范对所选地震波进行调幅。

2. 结构弹塑性时程分析结果

图 5-20 为减震结构在罕遇地震作用下的层间位移角分布情况，从图中可以看出，结构 X 向和 Y 向的最大层间位移角均出现在第三层，分别为 1/237 和 1/276，均小于结构在罕遇地震作用下的位移减震目标 1/100。相较于非减震结构的最大层间位移角，减震结

构在 X 向和 Y 向的最大层间位移角分别降低了 28%和 29%，表明黏滞阻尼器在罕遇地震作用下耗散了地震能量，同时对结构的位移反应也有较好的减震控制效果，实现了既定的减震设计目标。

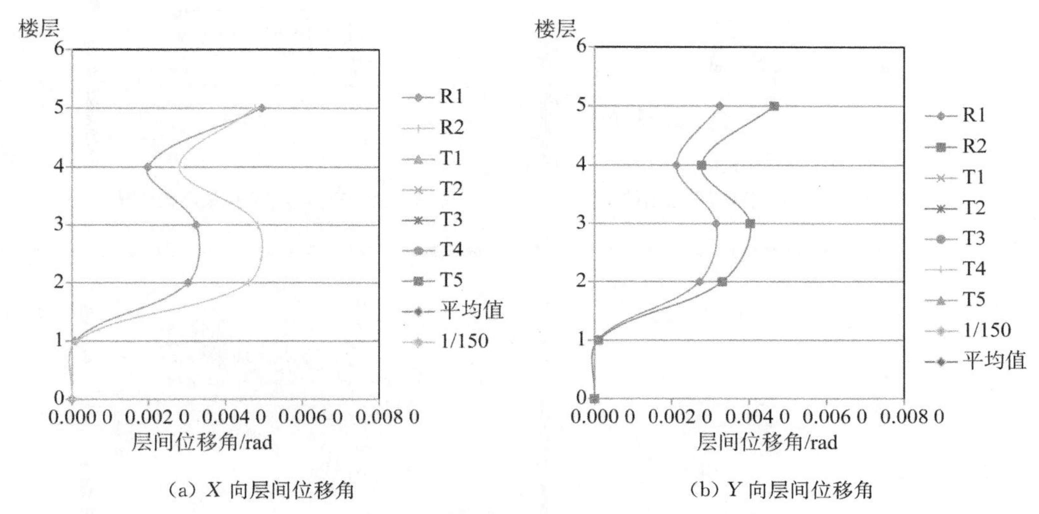

(a) X 向层间位移角　　(b) Y 向层间位移角

图 5-20　减震结构层间位移角分布

图 5-21 为减震结构与非减震结构在罕遇地震作用下的塑性铰出铰发展及分布图。塑性铰发展总体上可分为四个阶段。①弹性阶段：在地震荷载开始作用于结构时，结构处于线弹性状态，框架柱和梁均表现出线弹性特性，没有发生塑性变形。②开始进入塑性阶段：当地震荷载及持续时间逐渐增加时，框架梁开始进入塑性阶段，出现局部塑性变形形成塑性铰。此时，框架梁截面的承载力将会降低，但整体强度仍能保证结构正常工作，框架柱仍处于弹性状态，没有发生明显的塑性变形。③塑性铰发展阶段：随着地震荷载的进一步增大，部分框架柱也开始产生塑性变形而逐渐进入塑性工作阶段，形成塑性铰。但此时框架柱仍能保持较高的抗震承载能力。④结构损伤发展阶段：当地震荷载大小及持时达到一定程度时，框架梁柱的塑性变形进一步扩展，进入塑性的程度加深，结构整体进入弹塑性工作阶段，输入结构的地震能量由梁柱构件的滞回损伤与阻尼器共同耗散。

3. 罕遇地震作用下阻尼器耗能

图 5-22 为结构 X 向和 Y 向典型阻尼器的滞回曲线及能量时程分布曲线，从图中可以看出，黏滞阻尼器在罕遇地震作用下通过内部的黏滞流体材料产生的阻尼力实现地震能量的耗散，从而减小结构的地震响应并提高结构的安全性。当结构在地震作用下产生振动时，黏滞阻尼器将耗散大量的能量，使得结构的振动能量被转化为其他能量而得以被消耗，从而降低结构的振动幅度并减小结构的损伤程度。因此，黏滞阻尼器在结构中起到了重要的减震和耗能作用，提高了结构的抗震性能和安全储备。

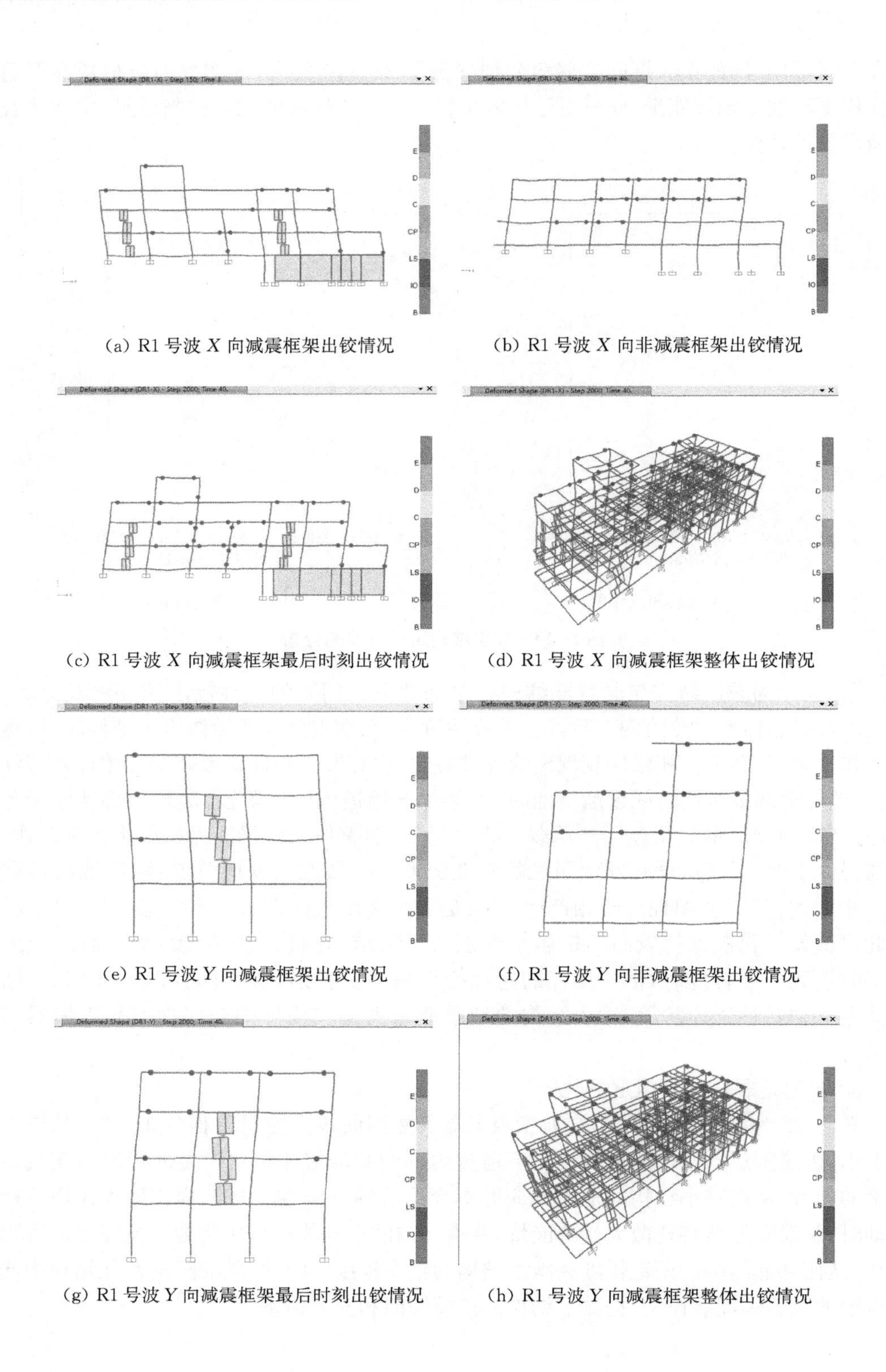

(a) R1 号波 X 向减震框架出铰情况

(b) R1 号波 X 向非减震框架出铰情况

(c) R1 号波 X 向减震框架最后时刻出铰情况

(d) R1 号波 X 向减震框架整体出铰情况

(e) R1 号波 Y 向减震框架出铰情况

(f) R1 号波 Y 向非减震框架出铰情况

(g) R1 号波 Y 向减震框架最后时刻出铰情况

(h) R1 号波 Y 向减震框架整体出铰情况

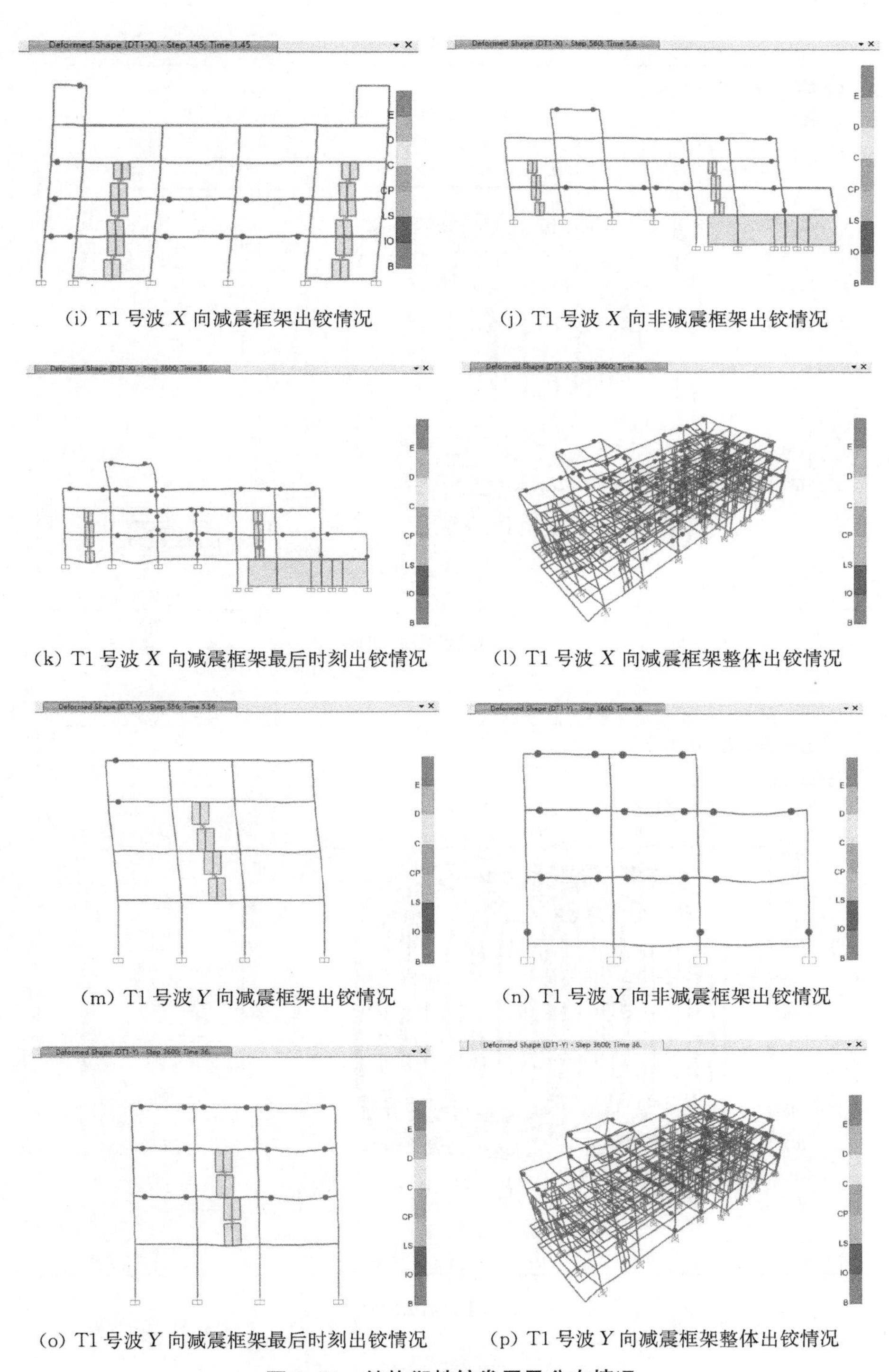

(i) T1 号波 X 向减震框架出铰情况

(j) T1 号波 X 向非减震框架出铰情况

(k) T1 号波 X 向减震框架最后时刻出铰情况

(l) T1 号波 X 向减震框架整体出铰情况

(m) T1 号波 Y 向减震框架出铰情况

(n) T1 号波 Y 向非减震框架出铰情况

(o) T1 号波 Y 向减震框架最后时刻出铰情况

(p) T1 号波 Y 向减震框架整体出铰情况

图 5-21　结构塑性铰发展及分布情况

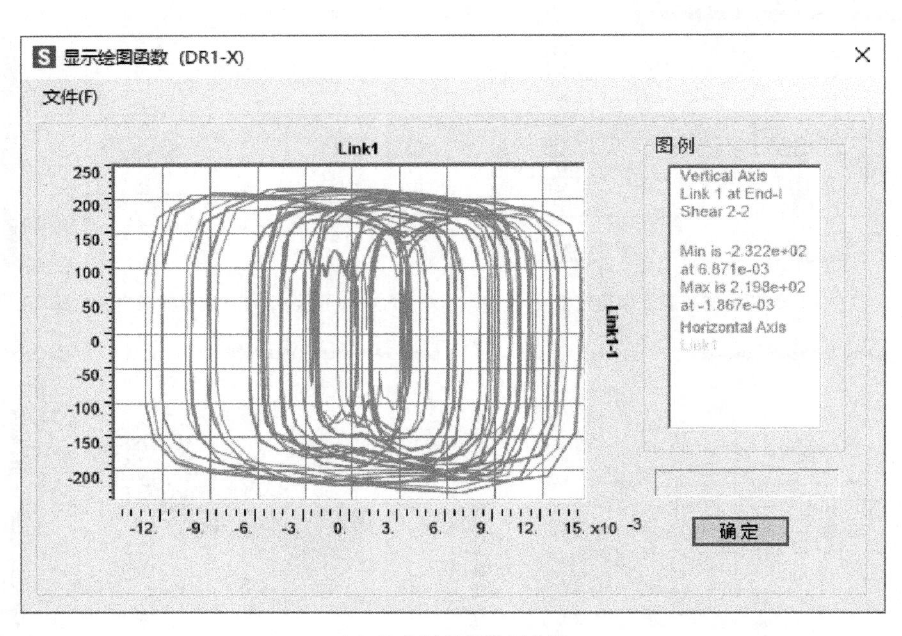

(a) X 向阻尼器滞回曲线

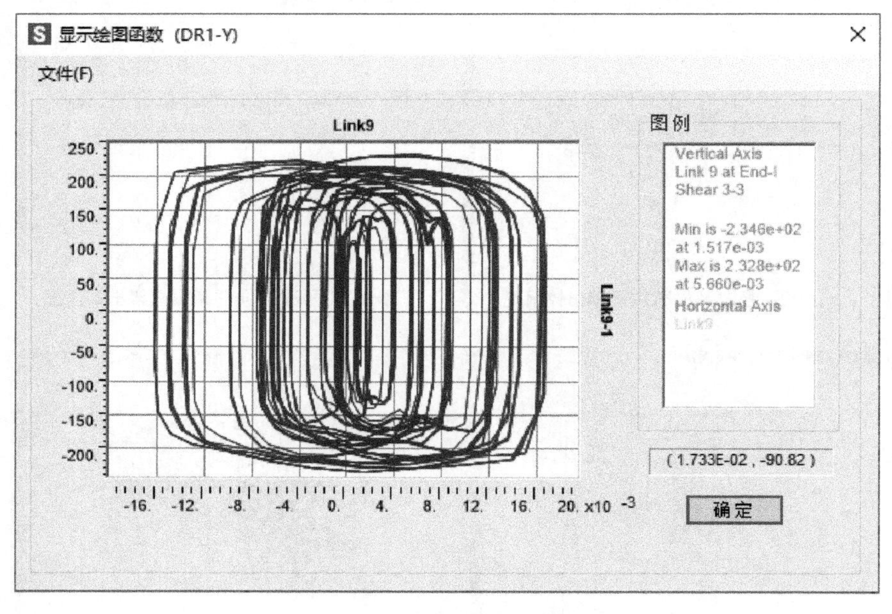

(b) Y 向阻尼器滞回曲线

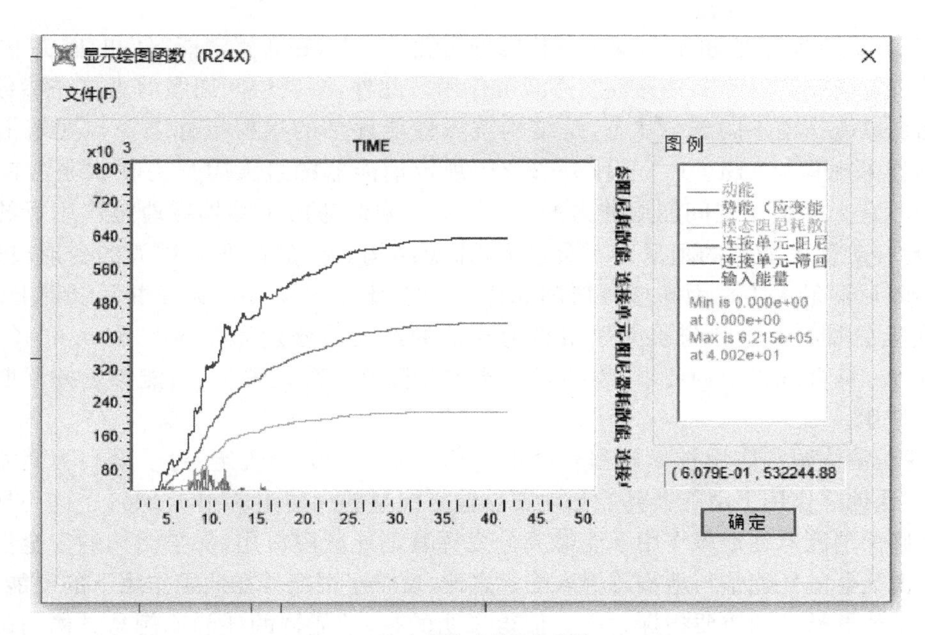

(c) X 向能量时程分布曲线

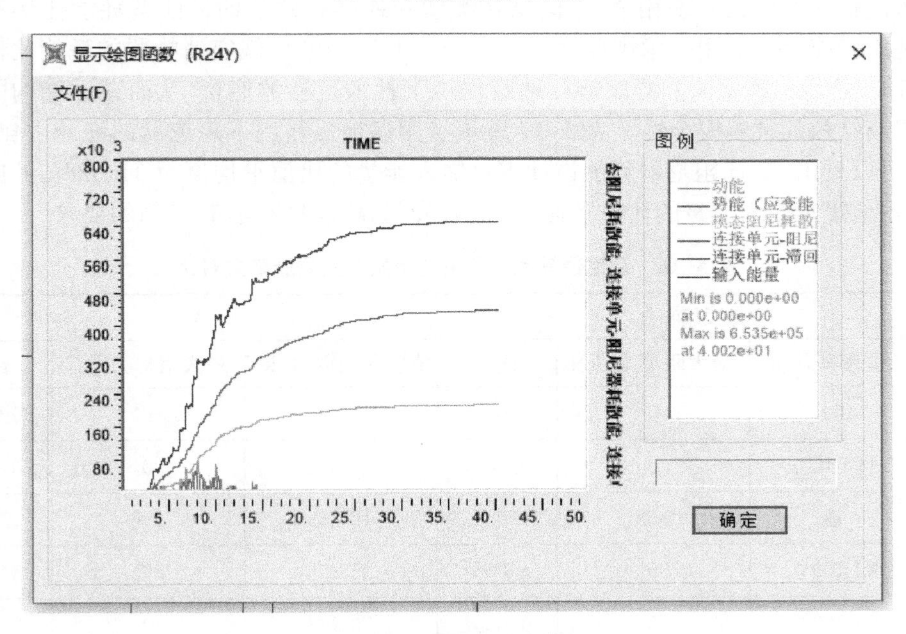

(d) Y 向能量时程分布曲线

图 5-22　典型阻尼器滞回曲线及结构能量时程分布曲线

《建筑消能减震技术规程》(JGJ 297—2013)规定：消能减震结构布置消能部件的楼层中，消能器的最大阻尼力在水平方向上分量之和不宜大于楼层层间屈服剪力的 60%。这一规定主要考虑了消能器在地震作用下对结构的影响以及消能器自身的性能限制，消能器作为消能减震结构中的重要组成部分，主要通过吸收和耗散地震能量来减小结构的地震响应，降低结构的震动幅度，保护结构的安全性。因此，在布置消能部件的楼层中，需要合理地设置消能器以确保其有效发挥减震作用。此外，楼层层间屈服剪力这一参数反映了结构在地震作用下的破坏状态，是结构抗震性能评估的重要指标之一，《建筑消能减震应用技术规程》(DBJ 53/T—125—2021)规定消能器的最大阻尼力在水平方向上分量之和不宜大于楼层层间屈服剪力的 60%，这一限制考虑了结构在地震作用下的整体性能，旨在确保消能器的阻尼力不会过大，避免结构其他部位发生过大的变形或破坏。结构中阻尼器最大阻尼力与楼层层间屈服剪力对比见表 5-16，从表中可以看出，X 向和 Y 向阻尼器出力之和与层间屈服剪力比值的最大值分别为 5.65%和 5.60%，均远小于 60%，符合规程中的要求，表明阻尼器的数量及参数设置合理，能够发挥预期的消能减震作用。

《建筑消能减震应用技术规程》(DBJ 53/T—125—2021)规定：对于第一类消能减震结构，罕遇地震作用下消能器耗能与地震总输入能量的比值不应小于 25%。这一规定的目的是确保消能器在地震作用下能够充分发挥其消能减震作用，保护结构的安全性和可靠性。消能器的耗能量与地震总输入能量之比，反映了消能器在地震作用下的耗能能力，是评价消能器性能的重要指标之一。值得说明的是，消能器的耗能比例与结构的抗震性能、地震波输入等因素密切相关，不同结构类型和地震条件下的消能器耗能比例有所不同。《建筑消能减震应用技术规程》(DBJ 53/T—125—2021)规定消能器的耗能比例不应小于 25%，是为了确保消能器能够在地震作用下耗散足够的能量，从而减小结构的地震反应，提高结构的抗震安全性。表 5-17 展示了罕遇地震作用下阻尼器的耗能占比情况，从表中可以看出，X 向阻尼器耗能占地震总输入能量的比值平均值为 34.92%，Y 向阻尼器耗能占地震总输入能量的比值平均值为 34.52%，均满足不小于 25%的要求。

表 5-16　阻尼器最大阻尼力与楼层层间屈服剪力对比

层号	X 向			Y 向		
	楼层屈服剪力/kN	最大阻尼力/kN	比值	楼层屈服剪力/kN	最大阻尼力/kN	比值
5	1464	0	0.00%	1 530	0	0.00%
4	11 612	0	0.00%	11 532	0	0.00%
3	16 432	928	5.65%	16 885	946	5.60%
2	22 479	900	4.00%	25 798	895	3.47%
1	69 080	0	0.00%	70 998	0	0.00%

表 5-17　罕遇地震作用下阻尼器耗能占比

工况	输入总能量/(kN・mm)	阻尼器耗能/(kN・mm)	耗能占比/%	工况	输入总能量/(kN・mm)	阻尼器耗能/(kN・mm)	耗能占比/%
R1-X	9 050 927	3 055 769	33.76%	R1-Y	8 431 948	2 781 389	32.99%
R2-X	8 497 241	2 699 421	31.77%	R2-Y	7 976 829	2 583 964	32.39%

续表

工况	输入总能量/(kN·mm)	阻尼器耗能/(kN·mm)	耗能占比/%	工况	输入总能量/(kN·mm)	阻尼器耗能/(kN·mm)	耗能占比/%
T1-X	2 312 419	883 792	38.22%	T1-Y	2 256 172	840 922	37.27%
T2-X	2 868 932	1 037 411	36.16%	T2-Y	2 807 919	1 001 031	35.65%
T3-X	2 425 605	916 944	37.80%	T3-Y	2 422 697	889 156	36.70%
T4-X	5 060 181	1 879 973	37.15%	T4-Y	4 634 944	1 689 812	36.46%
T5-X	2 962 041	1 111 204	37.51%	T5-Y	2 749 039	1 010 967	36.78%
平均值	4 739 621	1 654 931	36.05%	平均值	4 468 507	1 542 463	35.46%

4. 罕遇地震作用下结构顶点弹性位移与弹塑性位移对比

图 5-23 为结构在罕遇地震作用下的弹性位移时程曲线与弹塑性位移时程曲线的对比，从图中可以看出，当主体结构进入弹塑性后，弹塑性模型的位移时程逐渐滞后，这表明主体结构在经历地震作用后，开始出现塑性变形，即结构的变形逐渐超过了弹性范围，进入了弹塑性工作状态。通过对比分析弹塑性和弹性位移时程，可以更加直观地掌握结构在地震作用下的变形特征，从而评估结构的抗震性能和安全性。当弹塑性模型的位移时程明显滞后于弹性模型时，说明结构具有较好的抗震性能，能够在地震作用下表现出良好的塑性变形能力，从而减小震害。

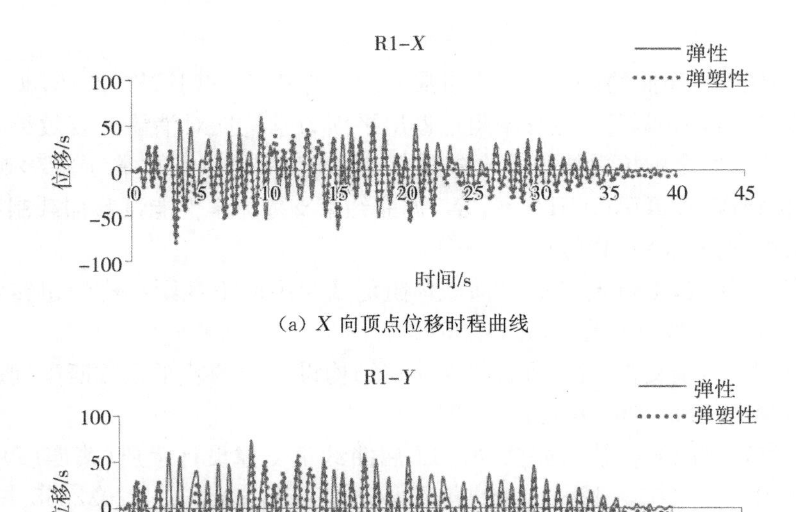

(a) X 向顶点位移时程曲线

(b) Y 向顶点位移时程曲线

图 5-23　罕遇地震作用下结构顶点弹性位移与弹塑性位移对比

5.2.13 小结

本节对结构的整体模型进行了弹性和弹塑性时程分析，采用不同地震波分析了在 X 向单向和 Y 向单向地震输入时结构的抗震性能，主要分析结果如下：

(1) 在设防地震作用下，结构 X 向和 Y 向最大层间位移角分别为 1/614 和 1/630，满足设定的最大层间位移角不大于 1/400 的性能目标要求。

(2) 在设防地震作用下，黏滞阻尼器滞回耗能，为结构提供附加阻尼比，X 向结构附加阻尼比计算值为 3.66%，Y 向结构附加阻尼比计算值为 3.80%。考虑 90%折减后，X 向结构附加阻尼比计算值为 3.29%，Y 向结构附加阻尼比计算值为 3.42%，各值仍大于目标值，因此实际采用的附加阻尼比为 3%，满足设定的附加阻尼比的性能目标。

(3) 罕遇地震作用下构件开始进入塑性，框架梁优先出现梁铰，而后柱子出现柱铰，结构总体满足"强柱弱梁"的抗震要求。

(4) 罕遇地震作用下，部分构件进入塑性，出现塑性铰，结构 X 向和 Y 向层间位移角分别为 1/237 和 1/276，表明结构附设了阻尼器后，具有良好的抗震耗能机制，保证了结构的安全，达到了预期的减震设计目标。

(5) 罕遇地震作用下，各阻尼器均进入了耗能工作状态，发挥了良好的耗能能力，为结构主体提供了良好的抗震安全保障。

参考文献

[1] 谢伟，余绍锋. 屈曲约束支撑研究进展及发展趋势[J]. 钢结构，2015，30(12)：8-12.

[2] 陈清祥，王奇，潘琪，等. 位移型阻尼器出平面力学特性对消能减震效果影响之探讨[C] //第三届全国抗震加固及改造技术应用与发展会议论文集. 成都，2007：36-41.

[3] 周颖，黄智谦，AGUAGUIIA M，等. 屈曲约束支撑力学性能试验加载制度研究[J]. 建筑结构学报，2021，42(11)：182-194.

[4] 杜东升，刘伟庆，王曙光，等. 粘滞流体阻尼墙对平面不规则结构的扭转效应控制研究[J]. 工程力学，2012，29(11)：236-242.

[5] 吴克川，陶忠，余文正，等. 防屈曲支撑在结构设计中的若干参数匹配问题讨论[J]. 振动与冲击，2021，40(14)：117-124.

[6] 上海蓝科建筑减震科技有限公司. TJ 屈曲约束支撑设计手册(第四版)[EB/OL]. (2010-01-18)[2023-12-20]. https://www.docin.com/p-42032358.html.

[7] 卢玉华，马千里，何莎莎. 防屈曲约束支撑极限承载力影响因素研究[J]. 建井技术，2013，34(1)：35-37.

[8] 胡大柱，王开强，孙飞飞，等. SAP2000 与 MTS 在结构弹塑性静动力分析中的应用[C] //第七届全国现代结构工程学术研讨会论文集. 杭州，2007：432-438.

[9] 刘飞飞，梁鹏虎. SAP2000 纤维铰模型在某核工程静力弹塑性分析中的应用[J]. 建筑结构，2012，(增刊 2)：136-140.

[10] 刘沛，杨文健. 中美抗震设计中地震波选取方法比较研究[J]. 结构工程师，2013，29(6)：7-13.

[11] 高德志，毕鹏，刘艳. 各国规范关于时程分析中地震波选取方法的对比[J]. 建筑结构，2022，52(16)：67-73.

[10] 朱丽华，王健，于安琪，等. 基于建筑需求的新型黏滞阻尼器 开敞式布置机构研究[J]. 工程力学，2019，36(8)：210-216.

[11] 李宏男，董松员，李宏宇. 基于遗传算法优化阻尼器空间位置的结构振动控制[J]. 振动与冲击，2006，25(2)：1-4.

[12] 齐杰，孙建琴. 多向地震动输入对高层隔震结构抗震性能影响[J]. 工程抗震与加固改造，2019，41(2)：43-49.

[13] 储德文，王元丰. 结构动力方程的振型分解精细积分法[J]. 铁道学报，2003，25(6)：89-92.

[14] 关宇. 消能减震加固技术在既有建筑改造工程中的应用[J]. 建筑结构，2023，53(8)：90-94.

[15] 汪梦甫，汪帜辉，刘飞飞. 增量动力弹塑性分析方法的改进及其应用[J]. 地震工程与工程振动，2012，32(1)：30-35.

[16] 蔡传国. 抗震结构柱端塑性铰形成机制有限元分析[J]. 世界地震工程，2012，28(3)：101-107.

[17] 陈萌，管品武，余利鹏. 混凝土框架柱塑性铰区抗剪性能非线性有限元分析[J]. 世界地震工程，2012，28(3)：75-79.

[18] 裘春航，吕和祥，钟万勰. 求解非线性动力学方程的分段直接积分法[J]. 力学学报，2002，34(3)：369-378.

[19] 吴国荣，杨雪春，杨国泰. 结构确定性和随机响应分析的一种直接积分法[J]. 南昌大学学报(工科版)，2005，27(2)：32-35.

[20] 王海波，余志武，陈伯望. 非线性动力方程的改进分段直接积分法[J]. 工程力学，2008，25(9)：13-17.

[21] 周云，王贤鹏，陈清祥，等. 消能子结构节点设计方法研究[J]. 工程抗震与加固改造，2019，41(4)：1-13.

[22] 周云，高冉，陈清祥，等. 支墩型消能子结构设计方法研究[J]. 建筑结构，2020，50(1)：105-111.

[23] 中华人民共和国住房和城乡建设部. 建筑消能阻尼器：JG/T 209—2012[S]. 北京：中国标准出版社，2012.

[24] 周函宇，叶昆，江厚山. 附加支撑-粘滞阻尼器体系的消能减震结构直接基于位移的抗震设计方法[J]. 土木工程与管理学报，2023，40(1)：48-53.

[25] 贺方倩. 基于等效线性化理论的消能减震结构设计方法研究[D]. 镇江：江苏科技大学，2012.

[26] 张志强，李爱群. 建筑结构黏滞阻尼减震设计[M]. 北京：中国建筑工业出版社，2012.

[27] 陈永祁,马良喆,彭程. 建筑结构液体黏滞阻尼器的设计与应用[M]. 北京:中国铁道出版社, 2018.
[28] 丁洁民,吴宏磊. 黏滞阻尼技术工程设计与应用[M]. 北京:中国建筑工业出版社, 2017.
[29] 段勇,白羽,杨帅帅. 黏滞阻尼结构的附加阻尼比计算方法对比研究[J]. 四川建筑科学研究,2023,49(2):19-25.

附录 A 常用阻尼器型号及性能参数[数据来自《建筑消能减震应用技术规程》(DBJ 53/T—125—2021)]

表 A.01 屈曲约束支撑产品规格型号及性能参数表

序号	屈服力/kN	型号规格	屈服前刚度/(kN·mm^{-1})	屈服位移/mm	屈服后刚度比	轴线长度/mm	产品长度/mm	参考设计位移/mm	耗能芯材
1	500	BRB-C×500×D_y	88.6≤K_y≤119.8	4.1≤D_y≤5.5	0.035	5 000≤L≤6 000	3 500	15.4≤U≤26.4	Q235
2		BRB-C×500×D_y	75.9≤K_y≤102.7	4.8≤D_y≤6.4		5 500≤L≤6 500	4 000	17.9≤U≤30.8	
3		BRB-C×500×D_y	67.5≤K_y≤91.3	5.4≤D_y≤7.2		6 000≤L≤7 000	4 500	20.2≤U≤34.7	
4		BRB-C×500×D_y	62.5≤K_y≤84.5	5.8≤D_y≤7.8		6 500≤L≤7 500	5 000	21.8≤U≤37.4	
5		BRB-C×500×D_y	55.9≤K_y≤75.7	6.5≤D_y≤8.7		7 000≤L≤8 000	5 500	24.3≤U≤41.8	
6		BRB-C×500×D_y	52.4≤K_y≤71	6.9≤D_y≤9.3		7 500≤L≤8 500	6 000	25.9≤U≤44.6	
7	750	BRB-C×750×D_y	135.7≤K_y≤183.5	4≤D_y≤5.4	0.035	5 000≤L≤6 000	3 500	15≤U≤25.9	Q235
8		BRB-C×750×D_y	115.9≤K_y≤156.9	4.7≤D_y≤6.3		5 500≤L≤6 500	4 000	17.6≤U≤30.3	
9		BRB-C×750×D_y	102.9≤K_y≤139.2	5.3≤D_y≤7.1		6 000≤L≤7 000	4 500	19.8≤U≤34.1	
10		BRB-C×750×D_y	92.4≤K_y≤125	5.9≤D_y≤7.9		6 500≤L≤7 500	5 000	22.1≤U≤38	
11		BRB-C×750×D_y	83.9≤K_y≤113.5	6.5≤D_y≤8.7		7 000≤L≤8 000	5 500	24.3≤U≤41.8	
12		BRB-C×750×D_y	78.7≤K_y≤106.5	6.9≤D_y≤9.3		7 500≤L≤8 500	6 000	25.9≤U≤44.6	

续表

序号	屈服力/kN	型号规格	屈服前刚度/(kN·mm^{-1})	屈服位移/mm	屈服后刚度比	轴线长度/mm	产品长度/mm	参考设计位移/mm	耗能芯材
13	1 000	BRB-C×1 000×D_y	180.9≤K_y≤244.7	4≤D_y≤5.4	0.035	5 000≤L≤6 000	3 500	15≤U≤25.9	Q235
14		BRB-C×1 000×D_y	154.5≤K_y≤209.1	4.7≤D_y≤6.3		5 500≤L≤6 500	4 000	17.6≤U≤30.3	
15		BRB-C×1 000×D_y	134.9≤K_y≤182.5	5.4≤D_y≤7.2		6 000≤L≤7 000	4 500	20.2≤U≤34.7	
16		BRB-C×1 000×D_y	126.9≤K_y≤171.7	5.7≤D_y≤7.7		6 500≤L≤7 500	5 000	21.4≤U≤36.9	
17		BRB-C×1 000×D_y	114.8≤K_y≤155.4	6.3≤D_y≤8.5		7 000≤L≤8 000	5 500	23.7≤U≤40.7	
18		BRB-C×1 000×D_y	103.7≤K_y≤140.3	9≤D_y≤9.4		7 500≤L≤8 500	6 000	26.2≤U≤45.1	
19	1 500	BRB-C×1 500×D_y	265.6≤K_y≤259.4	4.1≤D_y≤5.5	0.035	5 000≤L≤6 000	3 500	15.4≤U≤26.4	Q235
20		BRB-C×1 500×D_y	231.8≤K_y≤313.6	4.7≤D_y≤6.3		5 500≤L≤6 500	4 000	17.6≤U≤30.3	
21		BRB-C×1 500×D_y	202.4≤K_y≤273.8	5.4≤D_y≤7.2		6 000≤L≤7 000	4 500	20.2≤U≤34.7	
22		BRB-C×1 500×D_y	190.3≤K_y≤257.5	5.7≤D_y≤7.7		6 500≤L≤7 500	5 000	21.4≤U≤36.9	
23		BRB-C×1 500×D_y	167.8≤K_y≤227	6.5≤D_y≤8.7		7 000≤L≤8 000	5 500	24.3≤U≤41.8	
24		BRB-C×1 500×D_y	153.6≤K_y≤207.8	7.1≤D_y≤9.5		7 500≤L≤8 500	6 000	26.6≤U≤45.7	
25	2 000	BRB-C×2 000×D_y	354.2≤K_y≤479.2	4.1≤D_y≤5.5	0.035	5 000≤L≤6 000	3 500	15.4≤U≤26.4	Q235
26		BRBVC×2 000×D_y	309.1≤K_y≤418.1	4.7≤D_y≤6.3		5 500≤L≤6 500	4 000	17.6≤U≤30.3	
27		BRB-C×2 000×D_y	274.2≤K_y≤371	5.3≤D_y≤7.1		6 000≤L≤7 000	4 500	19.8≤U≤34.1	
28		BRB-C×2 000×D_y	250≤K_y≤338.2	5.8≤D_y≤7.8		6 500≤L≤7 500	5 000	21.8≤U≤37.4	
29		BRB-C×2 000×D_y	229.8≤K_y≤310.8	6.3≤D_y≤8.5		7 000≤L≤8 000	5 500	23.7≤U≤40.7	
30		BRB-C×2 000×D_y	204.9≤K_y≤277.2	7.1≤D_y≤9.5		7 500≤L≤8 500	6 000	26.6≤U≤45.7	

续表

序号	屈服力/kN	型号规格	屈服前刚度/(kN·mm^{-1})	屈服位移/mm	屈服后刚度比	轴线长度/mm	产品长度/mm	参考设计位移/mm	耗能芯材
31	2 500	BRB-C×2 500×D_y	442.7≤K_y≤598.9	4.1≤D_y≤5.5	0.035	5 000≤L≤6 000	3 500	15.4≤U≤26.4	
32		BRB-C×2 500×D_y	386.3≤K_y≤522.7	4.7≤D_y≤6.3		5 500≤L≤6 500	4 000	17.6≤U≤30.3	
33		BRB-C×2 500×D_y	342.7≤K_y≤463.7	5.3≤D_y≤7.1		6 000≤L≤7 000	4 500	19.8≤U≤34.1	
34		BRB-C×2 500×D_y	312.5≤K_y≤422.7	5.8≤D_y≤7.8		6 500≤L≤7 500	5 000	21.8≤U≤37.4	
35		BRB-C×2 500×D_y	283.3≤K_y≤383.3	6.4≤D_y≤8.6		7 000≤L≤8 000	5 500	24≤U≤41.3	
36		BRB-C×2 500×D_y	259.2≤K_y≤350.6	7≤D_y≤9.4		7 500≤L≤8 500	6 000	26.2≤U≤45.1	
37	3 000	BRB-C×3 000×D_y	531.3≤K_y≤718.8	4.1≤D_y≤5.5	0.035	5 000≤L≤6 000	3 500	15.4≤U≤26.4	Q235
38		BRBVC×3 000×D_y	463.7≤K_y≤627.3	4.7≤D_y≤6.3		5 500≤L≤6 500	4 000	17.6≤U≤30.3	
39		BRB-C×3 000×D_y	411.3≤K_y≤556.5	5.3≤D_y≤7.1		6 000≤L≤7 000	4 500	19.8≤U≤34.1	
40		BRB-C×3 000×D_y	375≤K_y≤507.4	5.8≤D_y≤7.8		6 500≤L≤7 500	5 000	21.8≤U≤37.4	
41		BRB-C×3 000×D_y	340≤K_y≤460	6.4≤D_y≤8.6		7 000≤L≤8 000	5 500	24≤U≤41.3	
42		BRB-C×3 000×D_y	311≤K_y≤420.8	7≤D_y≤9.4		7 500≤L≤8 500	6 000	26.2≤U≤45.1	

注：BRB-C×500×3 500，BRB表示屈曲约束支撑，C表示钢套筒与砂浆（或混凝土）组合约束型，500表示屈服承载力，3 500表示产品长度。

表 A.02 金属屈服型消能器产品规格型号及性能参数表

序号	规格型号	屈服力/kN	屈服前刚度/(kN/mm^{-1})	屈服位移/mm	屈服后刚度比	参考设计位移/mm	耗能芯材
1	MYD-S×200×1.0	200	200.0	1.0	0.025	$U\leqslant22$	LY225
2					0.035	$22<U\leqslant30$	LY160
3					0.050	$30<U$	LY100
4	MYD-S×200×1.5		133.3	1.5	0.025	$U\leqslant30$	LY225
5					0.035	$30<U\leqslant40$	LY160
6					0.050	$40<U$	LY100
7	MYD-S×300×1.0	300	300.0	1.0	0.025	$U\leqslant22$	LY225
8					0.035	$22<U\leqslant30$	LY160
9					0.050	$30<U$	LY100
10	MYD-S×300×1.5		200.0	1.5	0.025	$U\leqslant30$	LY225
11					0.035	$30<U\leqslant40$	LY160
12					0.050	$40<U$	LY100
13	MYD-S×400×1.0	400	400.0	1.0	0.025	$U\leqslant22$	LY225
14					0.035	$22<U\leqslant30$	LY160
15					0.050	$30<U$	LY100
16	MYD-S×400×1.5		266.7	1.5	0.025	$U\leqslant30$	LY225
17					0.035	$30<U\leqslant40$	LY160
18					0.050	$40<U$	LY100
19	MYD-S×600×1.0	600	600.0	1.0	0.025	$U\leqslant25$	LY225
20					0.035	$25<U\leqslant35$	LY160
21					0.050	$35<U$	LY100
22	MYD-S×600×1.5		400.0	1.5	0.025	$U\leqslant35$	LY225
23					0.035	$65<U\leqslant40$	LY160
24					0.050	$40<U$	LY100
25	MYD-S×800×1.0	800	800.0	1.0	0.025	$U\leqslant25$	LY225
26					0.035	$25<U\leqslant35$	LY160
27					0.050	$35<U$	LY100
28	MYD-S×800×1.5		533.3	1.5	0.025	$U\leqslant35$	LY225
29					0.035	$65<U\leqslant40$	LY160
30					0.050	$40<U$	LY100

续表

序号	规格型号	屈服力/kN	屈服前刚度/(kN/mm^{-1})	屈服位移/mm	屈服后刚度比	参考设计位移/mm	耗能芯材
31	MYD－S×1 000×1.0	1 000	1 000.0	1.0	0.025	$U\leqslant25$	LY225
32					0.035	$25<U\leqslant35$	LY160
33					0.050	$35<U$	LY100
34	MYD－S×1 000×1.5		666.7	1.5	0.025	$U\leqslant35$	LY225
35					0.035	$65<U\leqslant40$	LY160
36					0.050	$40<U$	LY100
37	MYD－S×1 200×1.0	1 200	1 200.0	1.0	0.025	$U\leqslant25$	LY225
38					0.035	$25<U\leqslant35$	LY160
39					0.050	$35<U$	LY100
40	MYD－S×1 200×1.5		800.0	1.5	0.025	$U\leqslant35$	LY225
41					0.035	$65<U\leqslant40$	LY160
42					0.050	$40<U$	LY100

注：MYD－S×200×1.0，MYD 表示金属屈服型消能器，S 表示由钢材加工而成，200 表示屈服承载力，1.0 表示屈服位移；LY225 表示耗能芯材为 LY225。

表 A.03　摩擦消能器产品规格型号及性能参数表

序号	规格型号	启滑位移/mm	启滑摩擦力/kN	初始刚度/(kN·mm^{-1})	变刚度位移/mm	极限荷载/kN	极限位移/mm	二阶刚度/(kN·mm^{-1})
1	FD－P－100×0.5	0.5	100	200	—	—	—	—
2	FD－P－200×0.5	0.5	200	400	—	—	—	—
3	FD－P－300×0.5	0.5	300	600	—	—	—	—
4	FD－P－400×0.6	0.6	400	667	—	—	—	—
5	FD－P－600×0.8	0.8	600	750	—	—	—	—
6	FD－P－800×1.0	1.0	800	800	—	—	—	—
7	FD－P－200×0.5－350	0.5	200	400	10	350	30	7.5
8	FD－P－300×0.5－650	0.5	300	600	10	650	30	17.5
9	FD－P－400×1.0－850	1.0	400	400	10	850	30	22.5
10	FD－P－600×1.0－1 050	1.0	600	600	10	1 050	30	22.5

注：FD－P－100×0.5，FD 表示摩擦消能器，P 表示板式摩擦消能器，100 表示起滑摩擦力，0.5 表示起滑位移。

表 A.04　黏滞消能器产品规格型号及性能参数表

序号	型号规格	阻尼系数/[kN·(mm/s)$^{-\alpha}$]	阻尼指数 α	参考速度/(mm·s^{-1})
1	VFD-NL×F×U	45	0.20 0.25 0.30	150～400
2		40		
3		35		
4		30		
5		25		
6	VFD-NL×F×U	60	0.20 0.25 0.30	
7		55		
8		50		
9		45		
10		40		
11		35		
12	VFD-NL×F×U	90	0.20 0.25 0.30	
13		85		
14		80		
15		75		
16		70		
17		65		
18		60		
19		55		
20		50		
21	VFD-NL×F×U	120	0.20 0.25 0.30	
22		110		
23		100		
24		95		
25		90		
26		85		
27		80		
28		75		
29		70		
30		65		

续表

序号	型号规格	阻尼系数/[kN·(mm/s)$^{-\alpha}$]	阻尼指数 α	参考速度/(mm·s^{-1})
31	VFD-NL×F×U	150	0.20 0.25 0.30	150～400
32		140		
33		130		
34		120		
35		110		
36		100		
37		95		
38		90		
39		85		
40	VFD-NL×F×U	180	0.20 0.25 0.30	150～400
41		170		
42		160		
43		150		
44		140		
45		130		
46		120		
47		110		
48		100		
49	VFD-NL×F×U	240	0.20 0.25 0.30	
50		220		
51		200		
52		190		
53		180		
54		170		
55		160		
56		150		
57		140		
58		130		

续表

序号	型号规格	阻尼系数/[kN·(mm/s)$^{-\alpha}$]	阻尼指数 α	参考速度/(mm·s^{-1})
59	VFD-NL×F×U	300	0.20 0.25 0.30	150～400
60		280		
61		260		
62		240		
63		220		
64		200		
65		190		
66		180		
67		170		
68		160		

注：VFD-NL×F×U，VFD 表示黏滞消能器，NL 表示非线性黏滞消能器，F 表示最大阻尼力，U 表示设计容许位移。设计时宜根据实际工程项目情况复核参考速度。

表 A.05　黏滞阻尼墙产品规格型号及性能参数表

序号	型号规格	阻尼系数/[kN·(mm/s)$^{-\alpha}$]	阻尼指数 α	参考速度/(mm·s^{-1})
1	VFW-NL×F×U	22	0.45	≤150
2	VFW-NL×F×U	44	0.45	
3	VFW-NL×F×U	66	0.45	
4	VFW-NL×F×U	88	0.45	
5	VFW-NL×F×U	110	0.45	
6	VFW-NL×F×U	132	0.45	
7	VFW-NL×F×U	154	0.45	
8	VFW-NL×F×U	176	0.45	
9	VFW-NL×F×U	198	0.45	
10	VFW-NL×F×U	220	0.45	
11	VFW-NL×F×U	242	0.45	
12	VFW-NL×F×U	264	0.45	

注：VFW-NL×F×U，VFW 表示黏滞阻尼墙，NL 表示非线性黏滞阻尼墙，F 表示最大阻尼力，U 表示设计容许位移。设计时宜根据实际工程项目情况复核参考速度。

附录 B　SAP2000 中消能减震设计前后处理程序

B.01　地震波时程函数定义(适用于 7 条波)

```
%地震波时程函数定义%
clc;clear;
num=input('请输入地震波编号(行向量):');
XXX=input('请输入分析工况(大震 or 小震):',' S');
if XXX=='小震'
    N=length(num);
else N=length(num)+1;
end;
if N==7
    display('程序正在运行,请稍候!.................................')
    R='R';
    c1=[R num2str(num(6))];c2=[R num2str(num(7))];
    Bnum=cell(1,7);
    Bnum{1,1}=num(1);
    Bnum{1,2}=num(2);
    Bnum{1,3}=num(3);
    Bnum{1,4}=num(4);
    Bnum{1,5}=num(5);
    Bnum{1,6}=c1;
    Bnum{1,7}=c2;
    Bnum=Bnum';
    xlswrite('D:\工况导入信息\时程函数导入(小震).xls',Bnum,1,'A4')
    LJ='d:\swk1\';
    WJM='.txt';
    LJ1='d:\RGB\';
    LJnum=cell(1,7);
    s1=[LJ num2str(num(1)) WJM];
    s2=[LJ num2str(num(2)) WJM];
    s3=[LJ num2str(num(3)) WJM];
    s4=[LJ num2str(num(4)) WJM];
    s5=[LJ num2str(num(5)) WJM];
    s6=[LJ1 num2str(num(6)) WJM];
    s7=[LJ1 num2str(num(7)) WJM];
```

```
        LJnum{1,1}=s1;
        LJnum{1,2}=s2;
        LJnum{1,3}=s3;
        LJnum{1,4}=s4;
        LJnum{1,5}=s5;
        LJnum{1,6}=s6;
        LJnum{1,7}=s7;
        LJnum=LJnum';
        xlswrite('D:\工况导入信息\时程函数导入(小震).xls',LJnum,1,'J4')
    else
        DZLJ=input('请输入弹塑性分析地震波路径:','s');
        display('程序正在运行,请稍候!.................................')
        WJM='.txt';
        LJnum=cell(1,7);
        R='R';
        L='\';
        s1=[DZLJ L num2str(num(1)) WJM];
        s2=[DZLJ L num2str(num(2)) WJM];
        s3=[DZLJ L num2str(num(3)) WJM];
        s4=[DZLJ L num2str(num(4)) WJM];
        s5=[DZLJ L num2str(num(5)) WJM];
        s6=[DZLJ L R num2str(num(6)) WJM];
        s7=[DZLJ L R num2str(num(7)) WJM];
        LJnum{1,1}=s1;
        LJnum{1,2}=s2;
        LJnum{1,3}=s3;
        LJnum{1,4}=s4;
        LJnum{1,5}=s5;
        LJnum{1,6}=s6;
        LJnum{1,7}=s7;
        LJnum=LJnum';
        xlswrite('D:\工况导入信息\时程函数导入(大震)-.xls',LJnum,1,'J4')
    end
    display('程序运行成功,请查看结果!.................................')
```

B.02 多遇地震时程工况定义

```
%多遇地震时程工况定义%
clc;clear;
```

```
num=input('请输入地震波编号(行向量):');
Di=input('请输入荷载工况名[如:8度0.2g(小震)]:','s');
Damp=input('请输入结构振型阻尼比:');
dir=('D:\SWK1\');
dir1=('D:\RGB\');
display('程序正在运行,请稍候!..................................')
X='X';
Y='Y';
R='R';
c1=[num2str(num(1)) X];
c2=[num2str(num(1)) Y];
c3=[num2str(num(2)) X];
c4=[num2str(num(2)) Y];
c5=[num2str(num(3)) X];
c6=[num2str(num(3)) Y];
c7=[num2str(num(4)) X];
c8=[num2str(num(4)) Y];
c9=[num2str(num(5)) X];
c10=[num2str(num(5)) Y];
c11=[R num2str(num(6)) X];
c12=[R num2str(num(6)) Y];
c13=[R num2str(num(7)) X];
c14=[R num2str(num(7)) Y];
Bnum=cell(1,14);
    Bnum{1,1}=c1;
    Bnum{1,2}=c2;
    Bnum{1,3}=c3;
    Bnum{1,4}=c4;
    Bnum{1,5}=c5;
    Bnum{1,6}=c6;
    Bnum{1,7}=c7;
    Bnum{1,8}=c8;
    Bnum{1,9}=c9;
    Bnum{1,10}=c10;
    Bnum{1,11}=c11;
    Bnum{1,12}=c12;
    Bnum{1,13}=c13;
    Bnum{1,14}=c14;
```

```
      Bnum=Bnum';
  DII='D:\工况导入信息\';
  T='.xls';DIII=[DII Di T];
  xlswrite(DIII,Bnum,1,'A4');
  A=zeros(5,1);
  n=1;
  j1=num(1:5);
  j2=num(6:7);
      for i=j1
      fid=fopen([dir num2str(i) '.TXT']);      %打开一个地震波文件
      [count,c]=fscanf(fid,'%d');      %count 为地震波数据点数
      [str,c1]=fscanf(fid,'%s',1);      %str 为读入地震波时间步长的字符串
      str1=str(4:end);
      tt=str2num(str1);      %tt 为地震波时间步长
      [Accelerate,c2]=fscanf(fid,'%f');      %读入地震波数据点
      A(n,1)=c2;
      n=n+1;
  end
  B=[A(1);A(1);A(2);A(2);A(3);A(3);A(4);A(4);A(5);A(5)];
  xlswrite(DIII,B,1,'C4');
    s1=[R num2str(num(6))];
    s2=[R num2str(num(7))];
      Cnum=cell(1,7);
      Cnum{1,1}=num(1);
      Cnum{1,2}=num(2);
      Cnum{1,3}=num(3);
      Cnum{1,4}=num(4);
      Cnum{1,5}=num(5);
      Cnum{1,6}=s1;
      Cnum{1,7}=s2;
CC={Cnum{1,1};Cnum{1,1};Cnum{1,2};Cnum{1,2};Cnum{1,3};Cnum{1,3};
Cnum{1,4};Cnum{1,4};Cnum{1,5};Cnum{1,5};Cnum{1,6};Cnum{1,6};Cnum
{1,7};Cnum{1,7}};
    xlswrite(DIII,CC,2,'D4');
    DAMP(1:14)=Damp;
    DAMP= DAMP';
  xlswrite(DIII,DAMP,1,'F4');
     display('程序运行成功,请查看结果!..................................')
```

B.03 罕遇地震时程工况定义

```
%罕遇地震时程工况定义%
clc;clear;
t1=input('请输入结构一阶周期 T1:');
t2=input('请输入结构二阶周期 T2:');
Damp=input('请输入结构振型阻尼比 damp:');
Di=input('请输入荷载工况名[如:8 度 0.2g(大震)]:','s');
display('程序正在运行,请稍候!……………………………')
T1(1:15)=t1;
T1=T1';
T2(1:15)=t2;
T2=T2';
DAMP(1:15)=Damp;
DAMP= DAMP';
DII='D:\工况导入信息\';
T='.xls';
DIII=[DII Di T];
xlswrite(DIII,T1,3,'E4');
xlswrite(DIII,T2,3,'G4');
xlswrite(DIII,DAMP,3,'F4');
xlswrite(DIII,DAMP,3,'H4');
  display('程序运行成功,请查看结果!……………………………')
```

B.04 楼层广义位移定义

```
%楼层广义位移定义%
clc;clear;
display('正在清空原表格,请稍候!……………………………');
delete('C:\Documents\数据处理区\广义位移 1.xls');
copyfile('C:\Documents\数据处理区\广义位移.xls', 'C:\Documents\数据处理区\广义位移 1.xls');
n=input('请输入结构层数:');
NUM=input('请输入广义位移数据组数:');
N1=input('请输入第 1 组楼层节点编号:');
N2=input('请输入第 2 组楼层节点编号:');
N3=input('请输入第 3 组楼层节点编号:');
N4=input('请输入第 4 组楼层节点编号:');
N=[N1 N2 N3 N4];
```

```
display('程序正在运行,请稍候!......................................')
for   i=1:n
   if (i<10) % plus 0
                bq{i}=strcat(int2str(0),int2str(i));
      else
                bq{i}=int2str(i);
      end
end
   bq=bq';
   k=1;
   raw{k,2}=[num2str(N(1,1))];
for NU=1:NUM
 for i=1:n
    raw{k,1}=['UX' num2str(NU) '-' bq{i}];raw{k,3}=['-1'];
    raw{k+1,1}=['UX' num2str(NU) '-' bq{i}];raw{k+1,3}=['1'];
    k=k+2;
end
for i=1:n
    raw{k,1}=[' UY' num2str(NU) '-' bq{i}];raw{k,4}=['-1'];
    raw{k+1,1}=[' UY' num2str(NU) '-' bq{i}];raw{k+1,4}=['1'];
    k=k+2;
   end
end
k=1;
for NU=1:NUM
    raw{k,2}=[num2str(N(1,NU))];
for i=1:n-1
    raw{k+1,2}=[num2str(N(i+1,NU))];
    raw{k+2,2}=[num2str(N(i+1,NU))];
     k=k+2;
end
    raw{k+1,2}=[num2str(N(end,NU))];
    raw{k+2,2}=[num2str(N(1,NU))];
for i=1:n-1
    raw{k+3,2}=[num2str(N(i+1,NU))];
    raw{k+4,2}=[num2str(N(i+1,NU))];
    k=k+2;
end
```

```
    raw{k+3,2}=[num2str(N(end,NU))];
    k=k+4;
end
xlswrite('C:\Documents\数据处理区\广义位移 1.xls',raw,1,'A4');
display('程序运行成功,请查看结果!……………………………………');
```

B.05 楼层截面切割定义

```
%楼层截面切割定义%
clc;clear;
N=input('请输入结构层数:');
NUM=input('请输入楼层节点竖向坐标(注意为行向量—从下到上):');
H=input('请输入楼层节点竖向坐标偏移高度(单位为 mm):');
display('程序正在运行,请稍候!……………………………………')
delete('C:\Documents\数据处理区\截面切割 1.xls');
copyfile('C:\Documents\数据处理区\截面切割.xls', 'C:\Documents\数据处理区\
截面切割 1.xls');
  for i=1:N
    if  (i<10)
        raw1{i,1}=['ELEMENTFLR' num2str(0) num2str(0) num2str(i)];
    else
        raw1{i,1}=['ELEMENTFLR' num2str(0) num2str(i)];
    end
    raw2{i,1}=['Quad'];
    raw4{i,1}=['Analysis'];
    raw5{i,1}=['Yes'];
    raw6{i,1}=['No'];
    raw7{i,1}=['Positive'];
  end
    for i=1:N
    if (i<10)
          raw11{i,1}=['S' num2str(0) num2str(i)];
    else
          raw11{i,1}=['S' num2str(i)];
    end
    raw22{i,1}=['Quad'];
    raw33{i,1}=['ALL'];
    raw44{i,1}=['Analysis'];
    raw55{i,1}=['Yes'];
```

```
    raw66{i,1}=[' No'];
      raw77{i,1}=[' Positive'];
  end
  raw111=[raw1;raw11];
  raw222=[raw2;raw22];
  raw333=[raw1;raw33];
  raw444=[raw4;raw44];
  raw555=[raw5;raw55];
  raw666=[raw6;raw66];
  raw777=[raw7;raw77];
  %第一页数据生成完毕,下面生成第二页数据%
      i=1;
      for k=1:N
          if (k<10)
            bawl{i,1}=['ELEMENTFLR' num2str(0) num2str(0) num2str(k)];
  SH(i,1)=1;
  FW(i,1)=5000000;
  FW1(i,1)=5000000;
  ZB(i,1)=NUM(k)+H;
              bawl{i+1,1}=['ELEMENTFLR' num2str(0) num2str(0) num2str(k)];
  SH(i+1,1)=2;
  FW(i+1,1)=-5000000;
  FW1(i+1,1)=5000000;
  ZB(i+1,1)=NUM(k)+H;
              bawl{i+2,1}=[' ELEMENTFLR' num2str(0) num2str(0) num2str
(k)];
  SH(i+2,1)=3;
  FW(i+2,1)=-5000000;
  FW1(i+2,1)=-5000000;
  ZB(i+2,1)=NUM(k)+H;
              bawl{i+3,1}=['ELEMENTFLR' num2str(0) num2str(0) num2str
(k)];
  SH(i+3,1)=4;
  FW(i+3,1)=5000000;
  FW1(i+3,1)=-5000000;
  ZB(i+3,1)=NUM(k)+H;
              i=i+4;
          else
```

```
            baw1{i,1}=['ELEMENTFLR' num2str(0) num2str(k)];
SH(i,1)=1;
FW(i,1)=5000000;
FW1(i,1)=5000000;
ZB(i,1)=NUM(k)+H;
            baw1{i+1,1}=['ELEMENTFLR' num2str(0) num2str(k)];
SH(i+1,1)=2;
FW(i+1,1)=-5000000;
FW1(i+1,1)=5000000;
ZB(i+1,1)=NUM(k)+H;
            baw1{i+2,1}=['ELEMENTFLR' num2str(0) num2str(k)];
SH(i+2,1)=3;
FW(i+2,1)=-5000000;
FW1(i+2,1)=-5000000;
ZB(i+2,1)=NUM(k)+H;
            baw1{i+3,1}=['ELEMENTFLR' num2str(0) num2str(k)];
SH(i+3,1)=4;
FW(i+3,1)=5000000;
FW1(i+3,1)=-5000000;
ZB(i+3,1)=NUM(k)+H;
            i=i+4;
          end
      end
  i=1;
      for  k=1:N
          if   (k<10)
            baw11{i,1}=['S' num2str(0) num2str(k)];
SH1(i,1)=1;
FW2(i,1)=5000000;
FW12(i,1)=5000000;
ZB1(i,1)=NUM(k)+H;
            baw11{i+1,1}=['S' num2str(0) num2str(k)];
SH1(i+1,1)=2;
FW2(i+1,1)=-5000000;
FW12(i+1,1)=5000000;
ZB1(i+1,1)=NUM(k)+H;
            baw11{i+2,1}=['S' num2str(0) num2str(k)];
SH1(i+2,1)=3;
```

```
    FW2(i+2,1)=-5000000;
    FW12(i+2,1)=-5000000;
    ZB1(i+2,1)=NUM(k)+H;
                baw11{i+3,1}=['S' num2str(0) num2str(k)];
    SH1(i+3,1)=4;
    FW2(i+3,1)=5000000;
    FW12(i+3,1)=-5000000;
    ZB1(i+3,1)=NUM(k)+H;
                i=i+4;
            else
                baw11{i,1}=['S' num2str(k)];
    SH1(i,1)=1;
    FW2(i,1)=5000000;
    FW12(i,1)=5000000;
    ZB1(i,1)=NUM(k)+H;
                baw11{i+1,1}=['S' num2str(k)];
    SH1(i+1,1)=2;
    FW2(i+1,1)=-5000000;
    FW12(i+1,1)=5000000;
    ZB1(i+1,1)=NUM(k)+H;
                baw11{i+2,1}=['S' num2str(k)];
    SH1(i+2,1)=3;
    FW2(i+2,1)=-5000000;
    FW12(i+2,1)=-5000000;
    ZB1(i+2,1)=NUM(k)+H;
                baw11{i+3,1}=['S' num2str(k)];
    SH1(i+3,1)=4;
    FW2(i+3,1)=5000000;
    FW12(i+3,1)=-5000000;
    ZB1(i+3,1)=NUM(k)+H;
                i=i+4;
            end
        end
    baw111=[baw1;baw11];
    FW222=[FW;FW2];
    FW333=[FW1;FW12];
    ZB111=[ZB;ZB1];
    SH111=[SH;SH1];
```

```
LZ=zeros(2*N,6);
  YZ=ones(2*N,1);
  YZ1=ones(8*N,1);
    xlswrite('C:\Documents\数据处理区\截面切割1.xls',raw111,2,'A4');
    xlswrite('C:\Documents\数据处理区\截面切割1.xls',raw222,2,'B4');
    xlswrite('C:\Documents\数据处理区\截面切割1.xls',raw333,2,'C4');
    xlswrite('C:\Documents\数据处理区\截面切割1.xls',raw444,2,'D4');
    xlswrite('C:\Documents\数据处理区\截面切割1.xls',raw555,2,'E4');
    xlswrite('C:\Documents\数据处理区\截面切割1.xls',LZ,2,' F4');
    xlswrite('C:\Documents\数据处理区\截面切割1.xls',raw666,2,'L4');
    xlswrite('C:\Documents\数据处理区\截面切割1.xls',raw777,2,'M4');
    xlswrite('C:\Documents\数据处理区\截面切割1.xls',YZ,2,'N4');
    xlswrite('C:\Documents\数据处理区\截面切割1.xls',baw111,3,'A4');
    xlswrite('C:\Documents\数据处理区\截面切割1.xls',YZ1,3,'B4');
    xlswrite('C:\Documents\数据处理区\截面切割1.xls',SH111,3,'C4');
    xlswrite('C:\数据处理区\截面切割1.xls',FW222,3,'D4');
    xlswrite('C:\Documents\数据处理区\截面切割1.xls',FW333,3,'E4');
    xlswrite('C:\Documents\数据处理区\截面切割1.xls',ZB111,3,'F4');
display('程序运行成功,请查看结果!..................................')
```

B.06 阻尼器单元及参数定义(BRB、SD、VFD)

```
%阻尼器单元及参数定义%
clc;clear;
LX=input('请输入需要定义参数的阻尼器类型(B/S/V):');
if LX=='B'
  N=input('请输入BRB种类:');
  K=input('请输入各BRB刚度K(注意为行向量):');
  F=input('请输入各BRB屈服力Fy(注意为行向量):');
  K=K';
  F=F';
  delete('C:\Documents\数据处理区\BRB参数定义1.xls');
  copyfile('C:\Documents\数据处理区\BRB参数定义.xls', 'C:\Documents\数据处理区\BRB参数定义1.xls');
  SZ=1:N;
  k=4;
  LZ=zeros(N,5);
  YZ=ones(N,2);
  LZ1=zeros(N,4);
```

```
    LZ2=zeros(N,1);
    LZ3=0.02.*ones(N,1);
    LZ4=30.*ones(N,1);
    display('程序正在运行,请稍候!....................................')
    for  i=1:N
        raw1{i,1}=['BRB' num2str(i)];
        raw2{i,1}=[' Plastic (Wen)'];
        raw3{i,1}=['Yellow'];
        raw4{i,1}=[' U' num2str(1)];
        raw5{i,1}=['Yes'];
        raw6{i,1}=['No'];
    end
    xlswrite('C:\Documents\数据处理区\BRB参数定义1.xls',raw1,1,'A4');
    xlswrite('C:\Documents\数据处理区\BRB参数定义1.xls',raw1,2,'A4');
    xlswrite('C:\Documents\数据处理区\BRB参数定义1.xls',raw2,1,'B4');
    xlswrite('C:\Documents\数据处理区\BRB参数定义1.xls',raw3,1,'N4');
    xlswrite('C:\Documents\数据处理区\BRB参数定义1.xls',raw4,2,'B4');
    xlswrite('C:\Documents\数据处理区\BRB参数定义1.xls',raw5,2,'D4');
    xlswrite('C:\Documents\数据处理区\BRB参数定义1.xls',raw6,2,'C4');
    xlswrite('C:\Documents\数据处理区\BRB参数定义1.xls',LZ,1,'C4');
    xlswrite('C:\Documents\数据处理区\BRB参数定义1.xls',YZ,1,'H4');
    xlswrite('C:\Documents\数据处理区\BRB参数定义1.xls',LZ1,1,'J4');
    xlswrite('C:\Documents\数据处理区\BRB参数定义1.xls',K,2,'E4');
    xlswrite('C:\Documents\数据处理区\BRB参数定义1.xls',K,2,'G4');
    xlswrite('C:\Documents\数据处理区\BRB参数定义1.xls',F,2,'H4');
    xlswrite('C:\Documents\数据处理区\BRB参数定义1.xls',LZ2,2,'F4');
    xlswrite('C:\Documents\数据处理区\BRB参数定义1.xls',LZ3,2,' I4');
    xlswrite('C:\Documents\数据处理区\BRB参数定义1.xls',LZ4,2,'J4');
  display('程序运行成功,请查看结果!....................................')
   else if LX=='S'
     delete('C:\Documents\数据处理区\SD参数定义1.xls');
     copyfile('C:\Documents\数据处理区\SD参数定义.xls', 'C:\Documents\数据
处理区\SD参数定义1.xls');
     N1=input('请输入X向SD的种类(注:按楼层进行归并的种类):');
     N2=input('请输入Y向SD的种类(注:按楼层进行归并的种类):');
     PD=input('请确认阻尼器是否耗能('Y'or'N'):');
  if PD=='Y'
     Ke=input('请输入X向和Y向阻尼器的有效刚度Ke(注:从X向1层开始,Y
```

```
向顶层结束,且为列向量):');
    F=input('请输入X向和Y向阻尼器的屈服力Fy:');
    Uy=input('请输入X向和Y向阻尼器的屈服位移Uy:');
    Kx=F(1)./Uy(1).*ones(N1,1);
    Ky=F(2)./Uy(2).*ones(N1,1);
    K=[Kx;Ky];
    Fx=F(1).*ones(N1,1);
    Fy=F(2).*ones(N1,1);
    F=[Fx;Fy];
else
    F=input('请输入X向和Y向阻尼器的屈服力Fy:');
    Uy=input('请输入X向和Y向阻尼器的屈服位移Uy:');
    Kx=F(1)./Uy(1).*ones(N1,1);
    Ky=F(2)./Uy(2).*ones(N1,1);
    K=[Kx;Ky];
    Fx=F(1).*ones(N1,1);
    Fy=F(2).*ones(N1,1);
    F=[Fx;Fy];
    Ke=K;
end
            display('程序正在运行,请稍候!....................................')
for i=1:N1
    raw1x{i,1}=['X' '-' num2str(i)];raw2x{i,1}=['Plastic (Wen)'];
    raw3x{i,1}=['Yellow'];
    raw4x{i,1}=['U' num2str(2)];
    raw5x{i,1}=['Yes'];
    raw6x{i,1}=['No'];
          end
for i=1:N2
    raw1y{i,1}=['Y' '-' num2str(i)];
    raw2y{i,1}=['Plastic (Wen)'];
    raw3y{i,1}=['Yellow'];
    raw4y{i,1}=['U' num2str(3)];
    raw5y{i,1}=['Yes'];
    raw6y{i,1}=['No'];
        end
        raw1=[raw1x;raw1y];
raw2=[raw2x;raw2y];
```

```
raw3=[raw3x;raw3y];
raw4=[raw4x;raw4y];
raw5=[raw5x;raw5y];
raw6=[raw6x;raw6y];
        LZ=zeros(N1+N2,5);
YZ=ones(N1+N2,2);
LZ1=zeros(N1+N2,4);   LZ2=zeros(N1+N2,1);
LZ3=0.02.*ones(N1+N2,1);
LZ4=30.*ones(N1+N2,1);
LZ5=300.*ones(N1+N2,1);
       xlswrite('C:\Documents\数据处理区\SD参数定义1.xls',raw1,1,'A4');
       xlswrite('C:\Documents\数据处理区\SD参数定义1.xls',raw2,1,'B4');
       xlswrite('C:\Documents\数据处理区\SD参数定义1.xls',LZ,1,'C4');
       xlswrite('C:\Documents\数据处理区\SD参数定义1.xls',YZ,1,'H4');
       xlswrite('C:\Documents\数据处理区\SD参数定义1.xls',LZ1,1,'J4');
      xlswrite('C:\Documents\数据处理区\SD参数定义1.xls',raw3,1,'N4');
       xlswrite('C:\Documents\数据处理区\SD参数定义1.xls',raw1,2,'A4');
       xlswrite('C:\Documents\数据处理区\SD参数定义1.xls',raw4,2,'B4');
       xlswrite('C:\Documents\数据处理区\SD参数定义1.xls',raw6,2,'C4');
       xlswrite('C:\Documents\数据处理区\SD参数定义1.xls',raw5,2,'D4');
       xlswrite('C:\Documents\数据处理区\SD参数定义1.xls',Ke,2,'E4');
       xlswrite('C:\Documents\数据处理区\SD参数定义1.xls',LZ2,2,'F4');
       xlswrite('C:\Documents\数据处理区\SD参数定义1.xls',LZ5,2,'G4');
       xlswrite('C:\Documents\数据处理区\SD参数定义1.xls',K,2,'H4');
       xlswrite('C:\Documents\数据处理区\SD参数定义1.xls',F,2,' I4');
       xlswrite('C:\Documents\数据处理区\SD参数定义1.xls',LZ3,2,'J4');
       xlswrite('C:\Documents\数据处理区\SD参数定义1.xls',LZ4,2,' K4');
display('程序运行成功,请查看结果!..................................')
      else
         delete('C:\Documents\数据处理区\VFD参数定义1.xls');
         copyfile('C:\Documents\数据处理区\VFD参数定义.xls', 'C:\Documents\
数据处理区\VFD参数定义1.xls');
        C=input('请输入X向和Y向阻尼器的阻尼系数C:');
        alfa=input('请输入X向和Y向阻尼器的阻尼指数a:');
  display('程序正在运行,请稍候!..................................')
          raw1={[' X'];['Y'];};
  raw2={['Damper'];['Damper']};
  raw3={['Yellow'];['Yellow']};
```

```
raw4={['U' num2str(2)];['U' num2str(3)]};
raw5={['No'];['No']};
raw6={['Yes'];['Yes']};
        LZ=zeros(2,5);
YZ=ones(2,2);
LZ1=zeros(2,4);
LZ2=zeros(2,1);
LZ3=zeros(2,2);
LZ5=200.*ones(2,1);
C1=[C(1);C(2)];
alfa1=[alfa(1);alfa(2)];
K=200.*C1;
    xlswrite('C:\Documents\数据处理区\VFD参数定义1.xls',raw1,1,'A4');
    xlswrite('C:\Documents\数据处理区\VFD参数定义1.xls',raw2,1,'B4');
    xlswrite('C:\Documents\数据处理区\VFD参数定义1.xls',raw3,1,'N4');
    xlswrite('C:\Documents\数据处理区\VFD参数定义1.xls',LZ,1,'C4');
    xlswrite('C:\Documents\数据处理区\VFD参数定义1.xls',YZ,1,'H4');
    xlswrite('C:\Documents\数据处理区\VFD参数定义1.xls',LZ1,1,'J4');
    xlswrite('C:\Documents\数据处理区\VFD参数定义1.xls',raw1,2,'A4');
    xlswrite('C:\Documents\数据处理区\VFD参数定义1.xls',raw4,2,'B4');
    xlswrite('C:\Documents\数据处理区\VFD参数定义1.xls',raw5,2,'C4');
    xlswrite('C:\Documents\数据处理区\VFD参数定义1.xls',raw6,2,'D4');
    xlswrite('C:\Documents\数据处理区\VFD参数定义1.xls',LZ3,2,'E4');
    xlswrite('C:\Documents\数据处理区\VFD参数定义1.xls',LZ5,2,'G4');
    xlswrite('C:\Documents\数据处理区\VFD参数定义1.xls',K,2,'H4');
    xlswrite('C:\Documents\数据处理区\VFD参数定义1.xls',C1,2,'I4');
    xlswrite('C:\Documents\数据处理区\VFD参数定义1.xls',alfa1,2,'J4');
display('程序运行成功,请查看结果!..................................')
    end
    end
```

B.07 地震动有效持时计算(适用于7条波)

```
%地震动有效持时计算%
clc;clear;closeall;
t=input('请输入结构一阶周期(保留三位小数):');
J=input('请输入地震波编号(行向量):');
sj=zeros(7,5);
j=1;
```

```
    k=1;
    dir=('D:\SWK1\');
    dir1=('D:\RGB\');
    j1=J(1:5);
    j2=J(6:7);
    for i=j1
        fid=fopen([dir num2str(i)'.TXT']);      %打开一个地震波文件
        [count,c]=fscanf(fid,'%d');      %count 为地震波数据点数
        [str,c1]=fscanf(fid,'%s',1);      %str 为读入地震波时间步长的字符串
        str1=str(4:end);
        tt=str2num(str1);      %tt 为地震波时间步长
        [Accelerate,c2]=fscanf(fid,'%f');   %读入地震波数据点
    Accelerate=abs(Accelerate);
    Acc=max(Accelerate);
    n=length(Accelerate);
    fclose(fid);
    for I=1:n
        if Accelerate(I)>=(0.1*Acc)
           t1=(I-1)*tt;
           sj(j,k)=t1;
           k=k+1;
        else
           continue;
        end
        break;
    end
    for m=n:-1:1
      if Accelerate(m)>=(0.1*Acc)
           t2=(m-1)*tt;
           sj(j,k)=t2;
           k=k+1;
      else
         continue;
      end
      break;
    end
deltaT=t2-t1;
sj(j,k)=deltaT;
```

```
k=k+1;
sj(j,k)=t;
k=k+1;
sj(j,k)=deltaT/t;
    j=j+1;
    k=1;
    end
    k=1;
    for f=j2
        fid=fopen([dir1 num2str(f)'.TXT']);      %打开一个地震波文件
        [count,c]=fscanf(fid,'%d');       %count 为地震波数据点数
        [str,c1]=fscanf(fid,'%s',1);       %str 为读入地震波时间步长的字符串
        str1=str(4:end);tt=str2num(str1);       %tt 为地震波时间步长
        [Accelerate,c2]=fscanf(fid,'%f');     %读入地震波数据点
    Accelerate=abs(Accelerate);
    Acc=max(Accelerate);
    n=length(Accelerate);
    fclose(fid);
      for I=1:n
        if Accelerate(I)>=(0.1 * Acc)
          t1=(I-1) * tt;
          sj(j,k)=t1;
          k=k+1;
      else
          continue;
      end
    break;
    end
    for m=n:-1:1
      if Accelerate(m)>=(0.1 * Acc)
              t2=(m-1) * tt;
             sj(j,k)=t2;
             k=k+1;
      else
             continue;
      end
      break;
    end
```

```
deltaT=t2-t1;
sj(j,k)=deltaT;
k=k+1;
sj(j,k)=t;
k=k+1;
sj(j,k)=deltaT/t;
  j=j+1;
  k=1;
end
display('………………程序运行成功,请查看结果!………………')
```

B.08 BRB阻尼力-位移提取

```
%BRB阻尼力-位移提取%
clc;clear;close all;
n1=input('请输入 X 向阻尼器数量:');
n2=input('请输入 Y 向阻尼器数量:');
q=input('请输入地震波数量:');
display('………………程序正在运行,请稍等!………………')
UDx=zeros(n1,q);
FDx=zeros(n1,q);
UDy=zeros(n2,q);
FDy=zeros(n2,q);
A=xlsread('C:Documents\数据处理区\BRB力');
B=xlsread('C:\Documents\数据处理区\BRB位移');
A1=A(:,1:2);
A1=abs(A1);
B1=B(:,1:2);
B1=abs(B1);
n=1;
k=1;
ii=1;
for i=1:q*n1
    FDx(n,k)=max(max(A1(ii:ii+7,1:1)));
    k=k+1;ii=ii+8;
  if k==(q+1)&n~=n1
    n=n+1;
    k=1;
  else
```

```
        continue
        end
end
nn=1;
kk=1;
iii=q*8*n1+1;
for  j=1:q*n2
        FDy(nn,kk)=max(max(A1(iii:iii+7,1:1)));
        kk=kk+1;
        iii=iii+8;
        if  kk==(q+1)&nn~=n2
            nn=nn+1;
            kk=1;
    else
        continue
        end
end
FD=[FDx;FDy];
FD=round(FD);
%%%%%%%%%%%%%%
N=1;
K=1;
II=1;
for  i=1:q*n1
          UDx(N,K)=max(max(B1(II:II+3,1:1)));
          K=K+1;II=II+4;
        if  K==(q+1)&N~=n1
            N=N+1;
            K=1;
        else
            continue
            end
end
NN=1;
KK=1;
III=4*q*n1+1;
for j=1:q*n2
      UDy(NN,KK)=max(max(B1(III:III+3,1:1)));
```

```
    KK=KK+1;
    III=III+4;
  if KK==(q+1)&NN~=n2
     NN=NN+1;
     KK=1;
  else
     continue
     end
end
UD=[UDx;UDy];
UD=UD*100;
UD=round(UD)/100;
SJ=zeros(n1+n2,2*q);
SJ(:,1:2:2*q-1)=UD;
SJ(:,2:2:2*q)=FD;
display('..................................程序运行成功,请查看结果!..................................')
```

B.09　剪切型金属阻尼器阻尼力-位移提取

```
%剪切型金属阻尼器阻尼力-位移提取%
clc;clear;closeall;
n1=input('请输入 X 向阻尼器数量:');
n2=input('请输入 Y 向阻尼器数量:');
q=input('请输入地震波数量:');
display('..................................程序正在运行,请稍等!..................................')
UDx=zeros(n1,q);
FDx=zeros(n1,q);
UDy=zeros(n2,q);
FDy=zeros(n2,q);
A=xlsread('C:\Documents\数据处理区\阻尼器力');
B=xlsread('C:\Documents\数据处理区\阻尼器位移');
A1=A(:,2:3);
A1=abs(A1);
B1=B(:,2:3);
B1=abs(B1);
n=1;
k=1;
ii=1;
for  i=1:q*n1
```

```
        FDx(n,k)=max(max(A1(ii:ii+7,1:1)));
        k=k+1;ii=ii+8;
    if k==(q+1)&n~=n1
        n=n+1;
        k=1;
    else
        continue
        end
end
nn=1;
kk=1;
iii=q*8*n1+1;
for  j=1:q*n2
        FDy(nn,kk)=max(max(A1(iii:iii+7,2:2)));
        kk=kk+1;
        iii=iii+8;
    if  kk==(q+1)&nn~=n2
        nn=nn+1;
        kk=1;
    else
        continue
        end
end
FD=[FDx;FDy];
FD=round(FD);
%%%%%%%%%%%%%%
N=1;
K=1;
II=1;
for  i=1:q*n1
        UDx(N,K)=max(max(B1(II:II+3,1:1)));
        K=K+1;
        II=II+4;
    if  K==(q+1)&N~=n1
        N=N+1;
        K=1;
    else
        continue
```

```
        end
end
NN=1;
KK=1;
III=4*q*n1+1;
for  j=1:q*n2
        UDy(NN,KK)=max(max(B1(III:III+3,2:2)));
        KK=KK+1;
        III=III+4;
    if KK==(q+1)&NN~=n2
        NN=NN+1;
        KK=1;
    else
        continue
        end
end
UD=[UDx;UDy];
UD=UD*100;
UD=round(UD)/100;
SJ=zeros(n1+n2,2*q);
SJ(:,1:2:2*q-1)=UD;
SJ(:,2:2:2*q)=FD;
display('....................................程序运行成功,请查看结果!....................................')
```

B.10 剪切型金属阻尼器、黏滞阻尼器耗能计算

```
%剪切型金属阻尼器、黏滞阻尼器耗能计算%
clc;clear;closeall;
n1=input('请输入 X 向阻尼器数量:');
n2=input('请输入 Y 向阻尼器数量:');
q=input('请输入地震波数量:');
LX=input('请输入阻尼器类型/(D or SD):');
if LX=='D'
        lamd=input('请输入修正系数:');
      else
      KK=input('请输入阻尼器刚度/(kN/mm)——注意同时输入 X 和 Y 向刚度:');
      dy=input('请输入阻尼器屈服位移/mm:');
      KX=KK(1);KY=KK(2);
end
```

```
ZNSL=input('请输入各楼层阻尼器数量(注意应为行向量——从X向1层开始，然后Y向顶层结束):');
display('..................................程序正在运行，请稍等！..................................')
    UDx=zeros(n1,q);
    FDx=zeros(n1,q);
    UDy=zeros(n2,q);
    FDy=zeros(n2,q);
A=xlsread('C:\Documents\数据处理区\阻尼器力');
B=xlsread('C:\Documents\数据处理区\阻尼器位移');
AAA=xlsread('C:\Documents\数据处理区\阻尼器力大');
BBB=xlsread('C:\Documents\数据处理区\阻尼器位移大');
A1=A(:,2:3);
A1=abs(A1);
B1=B(:,2:3);
B1=abs(B1);
BBB1=BBB(:,2:3);
BBB1=abs(BBB1);
n=1;
k=1;
ii=1;
for  i=1:q*n1
    FDx(n,k)=max(max(A1(ii:ii+7,1:1)));
    k=k+1;
    ii=ii+8;
  if  k==(q+1)&n~=n1
    n=n+1;
    k=1;
  else
    continue
    end
end
nn=1;
kk=1;
iii=q*8*n1+1;
for  j=1:q*n2
    FDy(nn,kk)=max(max(A1(iii:iii+7,2:2)));
    kk=kk+1;
    iii=iii+8;
```

```
    if  kk==(q+1)&nn~=n2
      nn=nn+1;
      kk=1;
    else
      continue
      end
  end
  FD=[FDx;FDy];
  FD=round(FD);
  %%%%%%%%%%%%%%
  N=1;
  K=1;
  II=1;
  for  i=1:q*n1
      UDx(N,K)=max(max(B1(II:II+3,1:1)));
      K=K+1;
      II=II+4;
    if  K==(q+1)&N~=n1
      N=N+1;
      K=1;
    else
      continue
      end
  end
  NN=1;
  KK=1;
  III=4*q*n1+1;
  for  j=1:q*n2
      UDy(NN,KK)=max(max(B1(III:III+3,2:2)));
      KK=KK+1;
      III=III+4;
  if  KK==(q+1)&NN~=n2
     NN=NN+1;
     KK=1;
  else
     continue
     end
  end
```

```
UD=[UDx;UDy];
UD=UD*100;
UD=round(UD)/100;
SJ=zeros(n1+n2,2*q);
SJ(:,1:2:2*q-1)=UD;
SJ(:,2:2:2*q)=FD;
ZSJ=zeros(n1+n2,3*q);
HN=zeros(2,q);
%阻尼器大震位移提取开始%
N=1;
K=1;
II=1;
for  i=1:q*n1
    UDx1(N,K)=max(max(BBB1(II:II+3,1:1)));
    K=K+1;
    II=II+4;
  if  K==(q+1)&N~=n1
    N=N+1;
    K=1;
  else
    continue
    end
end
NN=1;
KK=1;
III=4*q*n1+1;
for  j=1:q*n2
    UDy1(NN,KK)=max(max(BBB1(III:III+3,2:2)));
    KK=KK+1;
    III=III+4;
  if  KK==(q+1)&NN~=n2
    NN=NN+1;
    KK=1;
  else
    continue
    end
end
UD1=[UDx1;UDy1];
```

```
UD1=UD1*100;
UD1=round(UD1)/100*0.075;%计算0.1U0%阻尼器大震位移提取结束%
if  LX=='D'
QJ2=UD.*FD.*lamd;
QJ1=UD1.*FD.*lamd;
LG=(QJ2>QJ1)|(QJ2==QJ1);
QJ=LG.*QJ2;
    ZSJ(:,1:3:3*q-2)=UD;
    QJ=round(QJ);
    ZSJ(:,2:3:3*q-1)=FD;
    ZSJ(:,3:3:3*q)=QJ;
    HN(1,:)=sum(QJ(1:n1,:));
    HN(2,:)=sum(QJ(n1+1:end,:));
else
    QJ1=4.*dy.*(UD(1:n1,:)-dy).*KX.*(1-0.02);
    QJ2=4.*dy.*(UD(n1+1:end,:)-dy).*KY.*(1-0.02);
    QJ=[QJ1;QJ2];
    QJ(QJ<0)=0;
    QJ=round(QJ);
    ZSJ(:,1:3:3*q-2)=UD;
    ZSJ(:,2:3:3*q-1)=FD;
    ZSJ(:,3:3:3*q)=QJ;
    HN(1,:)=sum(QJ(1:n1,:));
    HN(2,:)=sum(QJ(n1+1:end,:));
end
HNX=HN(1,:);
HNY=HN(2,:);
HNX=round(HNX);
HNY=round(HNY);
KD=FD./UD;
CD=length(ZNSL);
KDM=zeros(CD,q);
HHH=1;
for  JJJJ=1:CD
    KDM(JJJJ,:)=mean(KD(HHH:HHH+ZNSL(JJJJ)-1,:));
    HHH=HHH+ZNSL(JJJJ);
end
KM=mean(KDM,2);
```

```
KM=round(KM);
BGKD=mean(KD,2);
BGKD=round(BGKD);
display('..................................程序运行成功,请查看结果!..................................')
```

B.11 结构弹性应变能计算

```
%结构弹性应变能计算%
clc;clear;closeall;
n=input('请输入结构层数:');
VF=zeros(n,16);
VT=zeros(n,16);
A=xlsread('C:\Documents\数据处理区\剪力');
A1=A(:,1:2);
A1=abs(A1);
j=n;
k=3;
m=1;
ii=3;
VF(j,1)=max(max(A1(1:1,1:2)));
VF(j,2)=max(max(A1(2:2,1:2)));
for  i=1:n*14
    VF(j,k)=max(max(A1(ii:ii+1,1:2)));
    k=k+1;
    ii=ii+2;
  if  k==17&j~=1
    j=j-1;
    VF(j,1)=max(max(A1(30*m+1:30*m+1,1:2)));
    VF(j,2)=max(max(A1(30*m+2:30*m+2,1:2)));
    k=3;m=m+1;
    ii=ii+2;
  else
  continue;
  end
end
VF=[VF(:,3:16) VF(:,1:2)];
VF=floor(VF);
jj=n;
kk=3;
```

```
mm=1;
iii=3;
VT(jj,1)=max(max(A1(30*n+1:30*n+1,1:2)));
VT(jj,2)=max(max(A1(30*n+2:30*n+2,1:2)));
for  f=1:n*14
     VT(jj,kk)=max(max(A1(30*n+iii:30*n+iii+1,1:2)));
     kk=kk+1;
     iii=iii+2;
  if  kk==17&jj~=1
     jj=jj-1;
VT(jj,1)=max(max(A1(30*n+30*mm+1:30*n+30*mm+1,1:2)));
VT(jj,2)=max(max(A1(30*n+30*mm+2:30*n+30*mm+2,1:2)));
     kk=3;
     mm=mm+1;
     iii=iii+2;
  else
  continue;
  end
end
VT=[VT(:,3:16) VT(:,1:2)];
VT=floor(VT);
VD=VT-VF;
VTX=VT(:,1:2:13);
VTY=VT(:,2:2:14);
%%%%%%%%%%%%%%%%
n=input('请输入结构层数:');
q=input('请输入地震波数量:');
m=input('请输入数据组数:');
h=input('请输入各楼层高度(注意应为列向量):');
display('……………………………程序正在运行,请稍等!……………………………')
Ux=zeros(n,m*q);
Uy=zeros(n,m*q);
DFx=zeros(n,m*q);
DFy=zeros(n,m*q);
A=xlsread('C:\Documents\数据处理区\位移');
A1=A;A1=abs(A1);
j=n;
k=1;
```

```
ii=1;
K=q+1;
u=1;
for  i=1:n*q*m
     Ux(j,k)=max(A1(ii:ii+3));
     k=k+1;
     ii=ii+4;
  if  k==(u*q+1)&j~=1
     j=j-1;
     k=K-q;
  else
  if j==1&K~=(m*q+1)&k==(u*q+1)
        k=K;
       j=n;
       ii=u*4*q*n+1;
       u=u+1;
       K=K+q;
     else
       continue;
     end
  end
end
%%%%%%%%%%%%%%%%%%%%%%%%%%%%%%%%%%%
%转换方向%
%%%%%%%%%%%%%%%%%%%%%%%%%%%%%%%%%%%
jj=n;
kk=1;
iii=4*q*n*m+1;
KK=q+1;
uu=1;
for  f=1:n*q*m
     Uy(jj,kk)=max(A1(iii:iii+3));
     kk=kk+1;
     iii=iii+4;
  if  kk==(uu*q+1)&jj~=1
     jj=jj-1;
     kk=KK-q;
else
```

```
    if  jj==1&KK~=(m*q+1)&kk==(uu*q+1)
        kk=KK;
        jj=n;
        iii=4*q*n*m+uu*4*q*n+1;
        uu=uu+1;
        KK=KK+q;
      else
        continue;
      end
    end
  end
  Ux1=zeros(n,q);
  Uy1=zeros(n,q);
  U=zeros(n,2*q);
  H=zeros(n,2*q);
  if  q==3
      Ux1=[ max(Ux(:,1:3:end-2)');max(Ux(:,2:3:end-1)');max(Ux(:,3:
3:end)')];
      Ux1=Ux1';
      Uy1=[ max(Uy(:,1:3:end-2)');max(Uy(:,2:3:end-1)');      max(Uy
(:,3:3:end)')];
      Uy1=Uy1';
      U(:,1:2:5)=Ux1;
      U(:,2:2:6)=Uy1;
      H(:,1:end)=[h h h h h h];
  else
      Ux1=[ max(Ux(:,1:7:end-6)');max(Ux(:,2:7:end-5)');max(Ux(:,3:
      7:end-4)');max(Ux(:,4:7:end-3)');;max(Ux(:,5:7:end-2)');;max
      (Ux(:,6:7:end-1)');;max(Ux(:,7:7:end)')];
      Ux1=Ux1';
      Uy1=[ max(Uy(:,1:7:end-6)');max(Uy(:,2:7:end-5)');max(Uy(:,3:
      7:end-4)');max(Uy(:,4:7:end-3)');;max(Uy(:,5:7:end-2)');;max
      (Uy(:,6:7:end-1)');;max(Uy(:,7:7:end)')];
      Uy1=Uy1';
      U(:,1:2:13)=Ux1;U(:,2:2:14)=Uy1;
      H(:,1:end)=[h h h h h h h h h h h h h h];
  end
      DF=U./H;
```

```
    Z=ones(n,2*q);
    UTX=U(:,1:2:13);
    UTY=U(:,2:2:14);
for i=1:n
    if  i==1
       FTX(i,:)=VTX(i,:);
       FTY(i,:)=VTY(i,:);
    else
       FTX(i,:)=VTX(i,:)-VTX(i-1,:);
       FTY(i,:)=VTY(i,:)-VTY(i-1,:);
    end
end
    UTTX(n,:)=UTX(n,:);
    UTTY(n,:)=UTY(n,:);
for  i=n-1:-1:1
    UTTX(i,:)=UTX(i,:)+UTTX(i+1,:);
    UTTY(i,:)=UTY(i,:)+UTTY(i+1,:);
end
  UTTX=UTTX*100;UTTX=round(UTTX)/100;
  UTTY=UTTY*100;UTTY=round(UTTY)/100;
  YBNx=FTX.*UTTX.*0.5;
  YBNx=round(YBNx);
  YBNy=FTY.*UTTY.*0.5;
  YBNy=round(YBNy);
  YBNX(:,1:3:19)=FTX;
  YBNX(:,2:3:20)=UTTX;
  YBNX(:,3:3:21)=YBNx;
  YBNY(:,1:3:19)=FTY;
  YBNY(:,2:3:20)=UTTY;
  YBNY(:,3:3:21)=YBNy;
  YBNX=flipud(YBNX);
  YBNY=flipud(YBNY);
display('..............................程序运行成功,请查看结果!..............................')
```

B.12 结构弹性应变能计算

```
%结构弹性应变能计算%
clc;clear;closeall;
n=input('请输入结构层数:');
```

```
VF=zeros(n,16);
VT=zeros(n,16);
A=xlsread('C:\Documents\数据处理区\剪力');
A1=A(:,1:2)
;A1=abs(A1);
j=n;
k=3;
m=1;
ii=3;
VF(j,1)=max(max(A1(1:1,1:2)));
VF(j,2)=max(max(A1(2:2,1:2)));
for i=1:n*14
    VF(j,k)=max(max(A1(ii:ii+1,1:2)));
    k=k+1;
    ii=ii+2;
if  k==17&j~=1
    j=j-1;
    VF(j,1)=max(max(A1(30*m+1:30*m+1,1:2)));
    VF(j,2)=max(max(A1(30*m+2:30*m+2,1:2)));
    k=3;m=m+1;
    ii=ii+2;
  else
    continue;
  end
end
VF=[VF(:,3:16) VF(:,1:2)];
VF=floor(VF);
jj=n;
kk=3;
mm=1;
iii=3;
VT(jj,1)=max(max(A1(30*n+1:30*n+1,1:2)));
VT(jj,2)=max(max(A1(30*n+2:30*n+2,1:2)));
for  f=1:n*14
    VT(jj,kk)=max(max(A1(30*n+iii:30*n+iii+1,1:2)));
    kk=kk+1;
    iii=iii+2;
  if  kk==17&jj~=1
```

```
    jj=jj-1;
VT(jj,1)=max(max(A1(30*n+30*mm+1:30*n+30*mm+1,1:2)));
VT(jj,2)=max(max(A1(30*n+30*mm+2:30*n+30*mm+2,1:2)));
    kk=3;
    mm=mm+1;
    iii=iii+2;
  else
    continue;
  end
end
VT=[VT(:,3:16) VT(:,1:2)];
VT=floor(VT);
VD=VT-VF;
VTX=VT(:,1:2:13);
VTY=VT(:,2:2:14);
%%%%%%%%%%%%%%%%
n=input('请输入结构层数:');
q=input('请输入地震波数量:');
m=input('请输入数据组数:');
h=input('请输入各楼层高度(注意应为列向量):');
display('……………………程序正在运行,请稍等!……………………')
Ux=zeros(n,m*q);
Uy=zeros(n,m*q);
DFx=zeros(n,m*q);
DFy=zeros(n,m*q);
A=xlsread('C:\Documents\数据处理区\位移');
A1=A;A1=abs(A1);
j=n;
k=1;
ii=1;
K=q+1;
u=1;
for  i=1:n*q*m
    Ux(j,k)=max(A1(ii:ii+3));
    k=k+1;
    ii=ii+4;
  if  k==(u*q+1)&j~=1
    j=j-1;
```

```
        k=K-q;
    else
    if  j==1&K~=(m*q+1)&k==(u*q+1)
        k=K;
        j=n;
        ii=u*4*q*n+1;
        u=u+1;
        K=K+q;
        else
            continue;
        end
    end
end
```

%转换方向%

```
jj=n;
kk=1;
iii=4*q*n*m+1;
KK=q+1;
uu=1;
for  f=1:n*q*m
        Uy(jj,kk)=max(A1(iii:iii+3));
        kk=kk+1;
        iii=iii+4;
    if  kk==(uu*q+1)&jj~=1
        jj=jj-1;
        kk=KK-q;
    else
    if  jj==1&KK~=(m*q+1)&kk==(uu*q+1)
            kk=KK;
            jj=n;
            iii=4*q*n*m+uu*4*q*n+1;
            uu=uu+1;
            KK=KK+q;
        else
            continue;
        end
    end
end
```

```
Ux1=zeros(n,q);
Uy1=zeros(n,q);
U=zeros(n,2*q);
H=zeros(n,2*q);
if   q==3
    Ux1=[ max(Ux(:,1:3:end-2)');max(Ux(:,2:3:end-1)');max(Ux(:,3:
    3:end)')];
    Ux1=Ux1';
    Uy1=[ max(Uy(:,1:3:end-2)');max(Uy(:,2:3:end-1)');max(Uy(:,3:
    3:end)')];
    Uy1=Uy1';
    U(:,1:2:5)=Ux1;
    U(:,2:2:6)=Uy1;
    H(:,1:end)=[h h h h h h];
else
    Ux1=[ max(Ux(:,1:7:end-6)');max(Ux(:,2:7:end-5)');max(Ux(:,3:
    7:end-4)');max(Ux(:,4:7:end-3)');;max(Ux(:,5:7:end-2)');;max
    (Ux(:,6:7:end-1)');;max(Ux(:,7:7:end)')];
    Ux1=Ux1';
    Uy1=[ max(Uy(:,1:7:end-6)');max(Uy(:,2:7:end-5)');max(Uy(:,3:
    7:end-4)');max(Uy(:,4:7:end-3)');;max(Uy(:,5:7:end-2)');;max
    (Uy(:,6:7:end-1)');;max(Uy(:,7:7:end)')];
    Uy1=Uy1';
    U(:,1:2:13)=Ux1;U(:,2:2:14)=Uy1;
    H(:,1:end)=[h h h h h h h h h h h h h h];
end
    DF=U./H;
    Z=ones(n,2*q);
    UTX=U(:,1:2:13);
    UTY=U(:,2:2:14);
for   i=1:n
    if   i==1
        FTX(i,:)=VTX(i,:);
        FTY(i,:)=VTY(i,:);
    else
        FTX(i,:)=VTX(i,:)-VTX(i-1,:);
        FTY(i,:)=VTY(i,:)-VTY(i-1,:);
    end
```

```
end
    UTTX(n,:)=UTX(n,:);
    UTTY(n,:)=UTY(n,:);
for  i=n-1:-1:1
    UTTX(i,:)=UTX(i,:)+UTTX(i+1,:);
    UTTY(i,:)=UTY(i,:)+UTTY(i+1,:);
end
  UTTX=UTTX*100;UTTX=round(UTTX)/100;
  UTTY=UTTY*100;UTTY=round(UTTY)/100;
  YBNx=FTX.*UTTX.*0.5;
  YBNx=round(YBNx);
  YBNy=FTY.*UTTY.*0.5;
  YBNy=round(YBNy);
  YBNX(:,1:3:19)=FTX;
  YBNX(:,2:3:20)=UTTX;
  YBNX(:,3:3:21)=YBNx;
  YBNY(:,1:3:19)=FTY;
  YBNY(:,2:3:20)=UTTY;
  YBNY(:,3:3:21)=YBNy;
  YBNX=flipud(YBNX);
  YBNY=flipud(YBNY);
display('..................................程序运行成功,请查看结果!..................................')
```

B.13 结构楼层剪力数据提取

```
%结构楼层剪力数据提取%
clc;clear;closeall;
n=input('请输入结构层数:');
display('..................................程序正在运行,请稍候!..................................')
VF=zeros(n,16);
VT=zeros(n,16);
A=xlsread('C:\Documents\数据处理区\剪力');
A1=A(:,1:2);
A1=abs(A1);
j=n;
k=3;
m=1;
ii=3;
VF(j,1)=max(max(A1(1:1,1:2)));
```

```
VF(j,2)=max(max(A1(2:2,1:2)));
for  i=1:n*14
    VF(j,k)=max(max(A1(ii:ii+1,1:2)));
    k=k+1;
    ii=ii+2;
  if  k==17&j~=1
    j=j-1;
    VF(j,1)=max(max(A1(30*m+1:30*m+1,1:2)));
    VF(j,2)=max(max(A1(30*m+2:30*m+2,1:2)));
    k=3;
    m=m+1;
    ii=ii+2;
  else
    continue;
    end
end
VF=[VF(:,3:16) VF(:,1:2)];
VF=floor(VF);
jj=n;
kk=3;
mm=1;
iii=3;
VT(jj,1)=max(max(A1(30*n+1:30*n+1,1:2)));
VT(jj,2)=max(max(A1(30*n+2:30*n+2,1:2)));
for  f=1:n*14
    VT(jj,kk)=max(max(A1(30*n+iii:30*n+iii+1,1:2)));
    kk=kk+1;
    iii=iii+2;
  if  kk==17&jj~=1
    jj=jj-1;
    VT(jj,1)=max(max(A1(30*n+30*mm+1:30*n+30*mm+1,1:2)));
    VT(jj,2)=max(max(A1(30*n+30*mm+2:30*n+30*mm+2,1:2)));
    kk=3;
    mm=mm+1;
    iii=iii+2;
else
    continue;
  end
```

```
end
VT=[VT(:,3:16) VT(:,1:2)];
VT=floor(VT);
VD=VT-VF;
display('..................................程序运行成功,请查看结果!..................................')
```

B.14 结构层间位移角数据提取

```
%结构层间位移角数据提取%
clc;clear;closeall;
n=input('请输入结构层数:');
q=input('请输入地震波数量:');
m=input('请输入数据组数:');
h=input('请输入各楼层高度(注意应为列向量):');
display('..................................程序正在运行,请稍等!..................................')
Ux=zeros(n,m*q);
Uy=zeros(n,m*q);
DFx=zeros(n,m*q);
DFy=zeros(n,m*q);
A=xlsread('C:\Documents\数据处理区\位移');
A1=A;
A1=abs(A1);
j=n;
k=1;
ii=1;
K=q+1;
u=1;
for  i=1:n*q*m
     Ux(j,k)=max(A1(ii:ii+3));
     k=k+1;
     ii=ii+4;
  if  k==(u*q+1)&j~=1
     j=j-1;
     k=K-q;
  else
     if  j==1&K~=(m*q+1)&k==(u*q+1)
        k=K;
        j=n;
        ii=u*4*q*n+1;
```

```
        u=u+1;
        K=K+q;
    else
        continue;
        end
      end
end
                                    %转换方向%
jj=n;
kk=1;
iii=4*q*n*m+1;
KK=q+1;
uu=1;
for  f=1:n*q*m
      Uy(jj,kk)=max(A1(iii:iii+3));
      kk=kk+1;
      iii=iii+4;
   if  kk==(uu*q+1)&jj~=1
      jj=jj-1;
      kk=KK-q;
   else
      if  jj==1&KK~=(m*q+1)&kk==(uu*q+1)
        kk=KK;
        jj=n;
        iii=4*q*n*m+uu*4*q*n+1;
        uu=uu+1;
        KK=KK+q;
   else
        continue;
      end
   end
end
Ux1=zeros(n,q);
Uy1=zeros(n,q);
U=zeros(n,2*q);
H=zeros(n,2*q);
if q==3
Ux1=[max(Ux(:,1:3:end-2)');max(Ux(:,2:3:end-1)');max(Ux(:,3:3:
```

```
end)')];
    Ux1=Ux1';
    Uy1=[max(Uy(:,1:3:end-2)');max(Uy(:,2:3:end-1)');max(Uy(:,3:3:end)')];
    Uy1=Uy1';
        U(:,1:2:5)=Ux1;
        U(:,2:2:6)=Uy1;
        H(:,1:end)=[h h h h h h];
    else
    Ux1=[max(Ux(:,1:7:end-6)');max(Ux(:,2:7:end-5)');max(Ux(:,3:7:end-4)');max(Ux(:,4:7:end-3)');max(Ux(:,5:7:end-2)');max(Ux(:,6:7:end-1)');max(Ux(:,7:7:end)')];
    Ux1=Ux1'; Uy1=[max(Uy(:,1:7:end-6)');max(Uy(:,2:7:end-5)');max(Uy(:,3:7:end-4)');max(Uy(:,4:7:end-3)');max(Uy(:,5:7:end-2)');max(Uy(:,6:7:end-1)');max(Uy(:,7:7:end)')];
    Uy1=Uy1';
        U(:,1:2:13)=Ux1;
        U(:,2:2:14)=Uy1;
        H(:,1:end)=[h h h h h h h h h h h h h h];
    end
      DF=U./H;Z=ones(n,2*q);
      RAD=Z./DF;
      RAD=floor(RAD);
    display('..................................程序运行成功,请查看结果!..................................')
```

B.15 阻尼器占结构倾覆力矩比值

```
%阻尼器占结构倾覆力矩比值%
clc;clear;closeall;
n=input('请输入结构层数:');
VF=zeros(n,16);
VT=zeros(n,16);
A=xlsread('C:\Documents\数据处理区\剪力');
h=input('请输入各楼层高度(注意应为列向量),单位/m:');
display('..................................程序正在运行,请稍候!..................................')
A1=A(:,1:2);
A1=abs(A1);
j=n;
k=3;
```

```
m=1;
ii=3;
VF(j,1)=max(max(A1(1:1,1:2)));
VF(j,2)=max(max(A1(2:2,1:2)));
for  i=1:n*14
    VF(j,k)=max(max(A1(ii:ii+1,1:2)));
    k=k+1;
    ii=ii+2;
  if  k==17&j~=1
    j=j-1;
    VF(j,1)=max(max(A1(30*m+1:30*m+1,1:2)));
    VF(j,2)=max(max(A1(30*m+2:30*m+2,1:2)));
    k=3;
    m=m+1;
    ii=ii+2;
  else
    continue;
end
end
VF=[VF(:,3:16) VF(:,1:2)];
VF=floor(VF);
jj=n;
kk=3;
mm=1;
iii=3;
VT(jj,1)=max(max(A1(30*n+1:30*n+1,1:2)));
VT(jj,2)=max(max(A1(30*n+2:30*n+2,1:2)));
for  f=1:n*14
    VT(jj,kk)=max(max(A1(30*n+iii:30*n+iii+1,1:2)));
    kk=kk+1;
    iii=iii+2;
if  kk==17&jj~=1
    jj=jj-1;
    VT(jj,1)=max(max(A1(30*n+30*mm+1:30*n+30*mm+1,1:2)));
    VT(jj,2)=max(max(A1(30*n+30*mm+2:30*n+30*mm+2,1:2)));
    kk=3;
    mm=mm+1;
    iii=iii+2;
```

```
    else
      continue;
    end
end
VT=[VT(:,3:16) VT(:,1:2)];
VT=floor(VT);
VD=VT-VF;
VD=abs(VD);
H=zeros(n,16);
H(:,1:end)=[h h h h h h h h h h h h h h h h];
MT=VT.*H;
MD=VD.*H;
MTS=sum(MT);
MDS=sum(MD);
M=[MTS;MDS];
M=floor(M);
BRBM=M(:,1:14);
display('……………………………程序运行成功,请查看结果!……………………………')
```

B.16 结构弹性与弹塑性顶点位移时程曲线对比

```
%结构弹性与弹塑性顶点位移时程曲线对比%
clc;clear;closeall;
num=input('请输入地震波编号(行向量):');
dir=('D:\SWK1\');
dir1=('D:\RGB\');
n=1;
j1=num(1:5);
j2=num(6:7);
    for  i=j1
    fid=fopen([dir num2str(i)'.TXT']);      %打开一个地震波文件
    [count,c]=fscanf(fid,'%d');       %count 为地震波数据点数
    [str,c1]=fscanf(fid,'%s',1);       %str 为读入地震波时间步长的字符串
    str1=str(4:end);tt=str2num(str1);      %tt 为地震波时间步长
    [Accelerate,c2]=fscanf(fid,'%f');    %读入地震波数据点
    AA(n,1)=c2;
    n=n+1;
end
BB=AA+1;
```

```
display('……………………………程序正在运行,请稍候!……………………………')
VF=zeros(n,16);
VT=zeros(n,16);
A=xlsread('C:\Documents\数据处理区\弹性位移');
B=xlsread('C:\Documents\数据处理区\弹塑性位移');
A1=A(:,1:3);
B1=B(:,1:3);
t1=0:0.02:AA(1)*0.02;
t2=0:0.02:AA(2)*0.02;
t3=0:0.02:AA(3)*0.02;
t4=0:0.02:AA(4)*0.02;
t5=0:0.02:AA(5)*0.02;
t6=0:0.02:2001*0.02;
t7=0:0.02:2001*0.02;
R1X=A1(1:BB(1),2);
T1X=A1(2*BB(1)+1:2*BB(1)+BB(2),2);
T2X=A1(2*BB(1)+2*BB(2)+1:2*BB(1)+2*BB(2)+BB(3),2);
T3X=A1(2*BB(1)+2*BB(2)+2*BB(3)+1:2*BB(1)+2*BB(2)+2*BB
(3)+BB(4),2);
T4X=A1(2*BB(1)+2*BB(2)+2*BB(3)+2*BB(4)+1:2*BB(1)+2*BB
(2)+2*BB(3)+2*BB(4)+BB(5),2);
T5X=A1(2*BB(1)+2*BB(2)+2*BB(3)+2*BB(4)+2*BB(5)+1:2*BB
(1)+2*BB(2)+2*BB(3)+2*BB(4)+2*BB(5)+2002,2);
R2X=A1(2*BB(1)+2*BB(2)+2*BB(3)+2*BB(4)+2*BB(5)+2*2002+
1:2*BB(1)+2*BB(2)+2*BB(3)+2*BB(4)+2*BB(5)+2*2002+2002,2);
R1Y=A1(BB(1)+1:2*BB(1),3);
T1Y=A1(2*BB(1)+BB(2)+1:2*BB(1)+2*BB(2),3);
T2Y=A1(2*BB(1)+2*BB(2)+BB(3)+1:2*BB(1)+2*BB(2)+2*BB(3),
3);
T3Y=A1(2*BB(1)+2*BB(2)+2*BB(3)+BB(4)+1:2*BB(1)+2*BB(2)+
2*BB(3)+2*BB(4),3);
T4Y=A1(2*BB(1)+2*BB(2)+2*BB(3)+2*BB(4)+BB(5)+1:2*BB(1)+
2*BB(2)+2*BB(3)+2*BB(4)+2*BB(5),3);
T5Y=A1(2*BB(1)+2*BB(2)+2*BB(3)+2*BB(4)+2*BB(5)+2003:2*
BB(1)+2*BB(2)+2*BB(3)+2*BB(4)+2*BB(5)+2*2002,3);
R2Y=A1(2*BB(1)+2*BB(2)+2*BB(3)+2*BB(4)+2*BB(5)+2*2002+
2003:2*BB(1)+2*BB(2)+2*BB(3)+2*BB(4)+2*BB(5)+4*2002,3);
R1X1=B1(1:BB(1),2);
```

```
T1X1=B1(2*BB(1)+1:2*BB(1)+BB(2),2);
T2X1=B1(2*BB(1)+2*BB(2)+1:2*BB(1)+2*BB(2)+BB(3),2);
T3X1=B1(2*BB(1)+2*BB(2)+2*BB(3)+1:2*BB(1)+2*BB(2)+2*BB(3)+BB(4),2);
T4X1=B1(2*BB(1)+2*BB(2)+2*BB(3)+2*BB(4)+1:2*BB(1)+2*BB(2)+2*BB(3)+2*BB(4)+BB(5),2);
T5X1=B1(2*BB(1)+2*BB(2)+2*BB(3)+2*BB(4)+2*BB(5)+1:2*BB(1)+2*BB(2)+2*BB(3)+2*BB(4)+2*BB(5)+2002,2);
R2X1=B1(2*BB(1)+2*BB(2)+2*BB(3)+2*BB(4)+2*BB(5)+2*2002+1:2*BB(1)+2*BB(2)+2*BB(3)+2*BB(4)+2*BB(5)+2*2002+2002,2);
R1Y1=B1(BB(1)+1:2*BB(1),3);
T1Y1=B1(2*BB(1)+BB(2)+1:2*BB(1)+2*BB(2),3);
T2Y1=B1(2*BB(1)+2*BB(2)+BB(3)+1:2*BB(1)+2*BB(2)+2*BB(3),3);
T3Y1=B1(2*BB(1)+2*BB(2)+2*BB(3)+BB(4)+1:2*BB(1)+2*BB(2)+2*BB(3)+2*BB(4),3);
T4Y1=B1(2*BB(1)+2*BB(2)+2*BB(3)+2*BB(4)+BB(5)+1:2*BB(1)+2*BB(2)+2*BB(3)+2*BB(4)+2*BB(5),3);
T5Y1=B1(2*BB(1)+2*BB(2)+2*BB(3)+2*BB(4)+2*BB(5)+2003:2*BB(1)+2*BB(2)+2*BB(3)+2*BB(4)+2*BB(5)+2*2002,3);
R2Y1=B1(2*BB(1)+2*BB(2)+2*BB(3)+2*BB(4)+2*BB(5)+2*2002+2003:2*BB(1)+2*BB(2)+2*BB(3)+2*BB(4)+2*BB(5)+4*2002,3);
subplot(7,2,1);
plot(t1,[R1X R1X1]);
legend('R1X—弹性','R1X—弹塑性');
subplot(7,2,2);
plot(t2,[T1X T1X1]);
legend('T1X—弹性','T1X—弹塑性');
subplot(7,2,3);
plot(t3,[T2X T2X1]);
legend('T2X—弹性','T2X—弹塑性');
subplot(7,2,4);
plot(t4,[T3X T3X1]);
legend('T3X—弹性','T3X—弹塑性');
subplot(7,2,5);
plot(t5,[T4X T4X1]);
legend('T4X—弹性','T4X—弹塑性');
subplot(7,2,6);
```

```
plot(t6,[T5X T5X1]);
legend('T5X—弹性','T5X—弹塑性');
subplot(7,2,7);
plot(t7,[R2X R2X1]);
legend('R2X—弹性','R2X—弹塑性');
subplot(7,2,8);
plot(t1,[R1Y R1Y1]);
legend('R1Y—弹性','R1Y—弹塑性');
subplot(7,2,9);
plot(t2,[T1Y T1Y1]);
legend('T1Y—弹性','T1Y—弹塑性');
subplot(7,2,10);
plot(t3,[T2Y T2Y1]);
legend('T2Y—弹性','T2Y—弹塑性');
subplot(7,2,11);
plot(t4,[T3Y T3Y1]);
legend('T3Y—弹性','T3Y—弹塑性');
subplot(7,2,12);
plot(t5,[T4Y T4Y1]);
legend('T4Y—弹性','T4Y—弹塑性');
subplot(7,2,13);
plot(t6,[T5Y T5Y1]);
legend('T5Y—弹性','T5Y—弹塑性');
subplot(7,2,14);
plot(t7,[R2Y R2Y1]);
legend('R2Y—弹性','R2Y—弹塑性');
display('.................................程序运行成功!.................................')
```